市政规划与路桥工程建设

张海江　郑廷辉　唐永会　主编

汕頭大學出版社

图书在版编目（CIP）数据

市政规划与路桥工程建设 / 张海江，郑廷辉，唐永
会主编 . -- 汕头：汕头大学出版社，2024. 6. -- ISBN
978-7-5658-5322-7

Ⅰ . TU984；U4

中国国家版本馆 CIP 数据核字第 20248CL574 号

市政规划与路桥工程建设

SHIZHENG GUIHUA YU LUQIAO GONGCHENG JIANSHE

主　　编：张海江　郑廷辉　唐永会

责任编辑：黄洁玲

责任技编：黄东生

封面设计：周书意

出版发行：汕头大学出版社

　　　　　广东省汕头市大学路 243 号汕头大学校园内　邮政编码：515063

电　　话：0754-82904613

印　　刷：廊坊市海涛印刷有限公司

开　　本：710mm×1000mm　1/16

印　　张：8.5

字　　数：145 千字

版　　次：2024 年 6 月第 1 版

印　　次：2024 年 7 月第 1 次印刷

定　　价：46.00 元

ISBN 978-7-5658-5322-7

编委会

主　编　张海江　郑廷辉　唐永会

副主编　秦　领　陈　燃　孙二龙

　　　　李洋洋

前　言

　　市政规划是研究一个城市在一定时期内经济社会的发展目标及其空间布局方案的规划活动，其结果用来指导城市各项建设的实施。市政总体规划的任务主要是确定城市的性质、规模和空间布局，科学合理地利用土地、协调城市功能，并对各项建设进行综合部署，制定实施总体规划的保障措施。

　　进入21世纪以来，我国经济一直处于快速发展状态。在此背景下，城市交通运输行业发挥着越来越重要的作用。其中，城市道路桥梁等基础工程建设是交通运输行业发展的基本保障。现阶段，我国道路桥梁的施工技术已日益成熟，且随着科学技术的进步，越来越多的新设备被投入道路桥梁的施工中，这也进一步促进了道路桥梁施工技术的发展。在道路及桥梁使用过程中，养护维修是运营管理阶段的主要工作，施工单位必须针对道路及桥梁具体技术状况进行相应的养护维修，从而使之达到设计要求，以保证车辆运行的安全、经济、舒适。

　　本书参考了大量的相关文献资料，借鉴、引用了诸多专家、学者和教师的研究成果，其主要来源已在参考文献中列出，如有个别遗漏，恳请作者谅解并及时和我们联系。本书写作得到很多专家和学者的支持和帮助，在此深表谢意。由于能力有限、时间仓促，虽极力丰富本书内容，力求完美无瑕，虽经多次修改，仍难免有不妥与遗漏之处，恳请专家和读者指正。

目 录

第一章　市政规划概述

第一节　市政规划理论基础

一、市政规划的基本概念

市政规划与城市规划虽然密切相关，但其本质上是两个独立的概念。市政规划作为城市规划的一个组成部分，其范围相对较窄。市政规划在城市规划中占据重要地位，其主要职责是合理配置和利用城市居民所需的各种资源，对于城市的文明建设具有重要意义。在市政规划中，规划者应审慎地规划城市的基础设施，如供水、供电等，以避免资源的无谓浪费。此外，还应积极推动废弃物的分类处理，以减少对城市环境的负面影响。

二、新形势下完善市政规划的有效措施

（一）加强公众参与，确保市政规划公开性

市政规划涉及多个利益相关方，包括开发商、市民、投资者以及中央和地方政府等。因此，在我国未来的市政规划和城市建设中，必须广泛征求各利益相关方的意见和建议，平衡各方利益，保障各方利益的表达渠道畅通。此举具有重要意义，它能够确保城市规划的法治化进程更加公开透明，并促进公众积极参与市政规划和建设的过程。通过保障法律程序得到公正、完整的执行，公众可以在城市规划过程中发挥更大的作用，并对公共事务产生更深远的影响。

（二）以法治建设为本，确保市政规划进程

加快推进市政规划相关法律法规建设，坚持依法规划、依法管理，保

障市政规划有序进行，将城市开发建设纳入法治化、规范化的轨道上来。科学合理的市政规划法治体系不仅为政府或管理者提供行政管理上的便利，更为市政规划的各利益方提供完善的权益保障机制。我们要确保市政规划法治体系更多考虑到各方的利益，加大对其的保护力度，避免不必要的冲突，努力构建社会主义和谐社会。

市政规划是城市发展的重要基石，只有遵循科学合理的规划原则，才能促进城市经济社会的持续发展。然而，当前我国市政规划管理存在多多少少的问题，主要体现在市政规划缺乏科学性和管理手段不足等方面。近年来，全球范围内市政规划的浪潮席卷而来，面对新形势，如何开展科学规划工作成为各级政府的重要任务。我们要坚持问题导向，及时发现市政规划中存在的各种问题，根据实际情况因地制宜，从问题中寻找发展机遇并总结发展经验。同时，积极鼓励群众参与市政规划设计，坚持依法依规进行规划，确保市政规划的公开、科学和有效，促进我国城市实现良好而快速的发展。

三、促进我国公民参与市政规划过程的对策

(一) 转变观念，加强公民主体能力的培养

在政府层面，政府部门作为市政规划的发起者和主导者，必须坚持以人为本的政策理念，将公民的合法权益置于优先位置。认识到市政规划的本质在于不断满足公民的发展需求，维护其利益。因此，政府需要加强对公民参与市政规划建设理念的宣传和推广，通过多种渠道传达民主公正的思想。同时，政府可以针对公民素养和专业水平较低的问题，开展规范化培训，例如，举办专家讲座和社会论坛，培养公民的主体意识。

在公民层面，公民应深刻认识到自身是国家的主人，对国家城市建设和发展负有不可推卸的责任和义务。在思想层面上，公民应当保持端正的态度，认识到市政规划的重要性不仅涉及个人利益，更直接影响到城市以及整个国家的发展。同时，公民应认识到自身的主体地位，树立"主人翁"意识，充分发挥民主舆论的力量，引导市政规划走向正轨，利用法律政策等合法手段维护自身权益，积极参与市政规划活动。

（二）健全制度，强化公民参与权利的实现

政府应当完善政务公开制度并推动电子政务的发展。政府可以通过各种媒体和网络平台及时发布重大决策信息，确保行政权力的公开透明，从而保障公民的知情权。同时，电子服务的普及也为公众参与政策讨论提供了畅通的渠道，政府能够及时了解民意，更好地改进城市规划。

政府应完善信访听证制度，强化公民利益的表达。当前信访渠道的不畅通是阻碍公民权利正常行使的主要问题。为了确保公正充分地倾听民意，我们应当积极推动建立高效、便捷的听证程序，以确保各方能够充分表达自己的意见和诉求。政府应健全和完善听证制度，通过法律等途径维护公民的参与权利，改善其在市政规划中的地位，促进社会主义和谐社会的构建。

四、低碳节约型城市市政规划设计

在当前我国城市化快速发展的背景下，城市的规模和影响范围持续扩大。城市建设既促进了居民生活环境的改善和生活品质的提升，也带来了环境污染和能源消耗等挑战。面对这些挑战，构建低碳节约型城市成为一项紧迫的任务，这不仅关系到生态环境的保护，也是推动城市可持续发展的关键。因此，深入研究低碳节约型城市的市政规划设计具有极其重要的现实意义。

（一）低碳节约型城市

低碳节约型城市追求的是一种新型的城市发展方式，它强调在城市规划和设计中贯彻低碳节约的理念，倡导全社会，包括机构和个人，共同构建低碳节约的生活文化，并努力实现这种理念与城市建设的深度融合。在具体的规划设计中，这意味着提高资源使用效率，实行节水、节能、节地的措施，推动循环经济的发展，优化社会经济结构和科技创新，完善法律体系，确保社会的各个环节都能充分体现低碳节约的理念，从而推进低碳节约型的社会发展模式，实现城市规划设计与社会发展的高度统一。这对于促进城市的有序和健康发展具有重要的意义。

(二) 低碳节约型城市市政规划设计对策

1. 推进节能材料及技术的优先使用

城市建筑不仅是城市生活的重要场所，也是城市碳排放的主要来源。为实现低碳节约目标，规划设计必须从建筑设计入手，推广节水、节能、节材的绿色建筑理念。在节水方面，重视水资源的循环使用，提高水利用率，减少水资源浪费；在节能方面，提升节能设备的使用比例，推广太阳能等可再生能源的应用，减少能源消耗；在节材方面，采用保温隔热材料，优化建筑的采光和通风设计，使用节能型空调和供暖系统。同时，加强对节能指标的评估，包括居民人均用水量、节能设备的普及率、建筑单位面积的能耗等指标。

2. 推进城市公共交通的优先发展

在构建绿色和可持续城市的征程中，城市交通系统扮演着至关重要的角色。它不仅连接着城市的血脉，即人流与物流，更是城市能源消耗和碳排放的主要来源。城市的空间布局紧密依赖于其交通网络，而构建一个低碳、节能的城市空间布局亦需建立在绿色交通网络的基础之上。显然，发展低碳交通不仅是城市发展的趋势，也是其必然选择。研究表明，在所有交通模式中，公共交通系统以其高效节能的特点成为最佳选择。事实上，在许多发达国家，公共交通承载了超过一半的客流量，如东京，这一比例甚至接近九成。因此，在城市规划和设计中，必须优先考虑发展以公共交通为核心的交通网络。

3. 推进公用空间的科学规划

对于低碳节约型城市而言，公共空间如广场、绿地和公园等，不仅占据大量面积，而且在塑造城市形象和美化城市环境方面发挥着关键作用，同时也是推进城市低碳发展的有效手段。在规划低碳城市时，我们应当充分认识到公共空间的重要性，推行科学的公共空间规划策略。这样做既能促进城市经济和公共基础设施的和谐发展，满足城市发展的需求，也能避免公共空间的闲置和浪费，确保它们得到有效利用。

总的来说，追求建设低碳节约型城市是人类社会发展的必然方向。因此，城市规划和设计专业人员必须不断深化研究、总结经验，提升对低碳节约型城市特征的理解，强化对当前城市规划和设计中的问题的分析，明确"优先使用节能材料和技术""优先发展城市公共交通"和"科学规划公共空间"等关键措施，以推动我国城市的有序和健康发展。

第二节　多元理念与市政规划创新

一、智慧城市规划中的智慧市政规划

在智慧城市的构想中，智慧市政规划占据了核心地位，标志着城市从传统向现代化、信息化阶段的跃进。市政基础设施，作为城市生命线的重要组成，其智能化规划和建设成为推动城市可持续进步的关键因素。本部分旨在探讨智慧市政规划的框架，通过创建一个集成的平台，实现对基础设施如信息系统、供水、排水、能源等的智能管理，确立智慧市政规划的内容和子系统的主要职能。

随着中国城镇化率突破50%大关，城市集聚效应逐渐增强。城市化进程带来的挑战，如交通堵塞、供水安全、能源分配不均、环境污染等问题，以及对突发事件的快速应对需求，都迫切需要新的解决策略，以实现城市的持续健康发展。

在当前全球信息技术高速发展的背景下，互联网、移动通信、物联网以及云计算等新兴技术为城市的智慧化升级提供了广阔的发展空间和机遇。城市与这些技术的融合开辟了解决传统问题、推动城市精细化管理的新路径，智慧城市因此成为城市发展的新方向。

智慧市政基础设施的规划与建设是智慧城市构架的重要组成，它主要依托现有的信息化管理方式，如供水、排水、电力、供暖、燃气和垃圾处理等，并引入最新的信息技术。通过集成广泛的传感器网络、物联网、数据感知网络、地理信息系统和城市数据管理系统等，推动市政基础设施的信息资源共享，构建出一个多层次、立体化、精细化、网格化且协同工作的市政综合管理平台。这样的平台可以实现不同系统间的数据交互与整合，为城市市政智慧化管理和运营提供强大支撑，进一步促进城市的持续发展。

(一) 智慧市政规划

1. 信息基础设施建设

建设智慧市政离不开先进的信息基础设施，它们以其基础性、公共性和智能化的特质，为城市智能化提供支撑。这些基础设施主要包括以下几个方面：

通信网络建设：包括移动宽带、未来互联网技术、有线电视网络以及交通和智能电网的数据传输网络。这些网络构成智慧城市数据沟通的基础，相当于城市的神经系统，负责数据的收集和传播。

信息处理系统：包括城市级的云计算平台、数据中心及智慧市政各子系统的数据处理平台，提供必要的数据计算和存储服务。

市政物联网：包括市政设施的感知与监控系统，比如，数据监测的传感器、监控摄像头、智能调控的阀门和开关等，通过物联网技术对市政设施的运行状态进行实时监控，处理紧急事务，实现智能化管理。

数据支持系统：包括城市规划建设的信息平台、地理信息系统、气象数据平台、交通信息平台等，这些平台的建设为智慧市政的预测、管理和决策提供数据支撑。

智慧信息基础设施的规划与建设需要从整个城市的角度出发，避免仅局限于某一局部或子系统，防止资源的重复投入和浪费，确保建设的平衡和协调。此外，建设过程中应注重资源的共建共享，通过合理的规划和配置，实现信息基础设施资源的高效利用。

智慧市政系统旨在构建一个综合性平台，从而实现对城市基础设施（如供水、排水、能源和交通）的全面智能管理。利用先进的感知技术，如智能传感、定位、网络连接、自动控制和地理信息系统，对各种基础设施及其运行状态进行精准监测。采用互联互通的方式，实现数据的共享，让处于分散状态的信息资源能相互交换和协作，从而有效地在更为广泛的层面上应对城市运营所面临的挑战。借助高级的分析工具和模型，对收集到的数据进行深入分析，推动管理和决策的智能化，确保城市基础设施的安全、高效运行，达到对城市市政设施灵活而高效的管理目标。

在此架构之下，智慧市政系统被细分为若干关键子系统，主要包括智慧供水系统、智慧排水系统、智能电网系统、智慧冷暖供应系统、智能交通系统等。

　　智慧供水系统着眼于实现供水服务的标准化、调度过程的智能化以及管理的精确化。通过运用传感器技术和无线通信技术，对水源、供水设施及管网实施全面且动态的管理，能够实时监控管网的关键节点，自动发出预警信号，并协助处理管道爆裂等紧急事件。利用互联网、物联网技术及丰富的信息资源，推进服务功能的整合升级，强化资源的整合共享，达成节能减排的目标，提升资产运营管理的效率，并指导管网改造升级工作。

　　智慧排水系统则分为智慧排污和智慧排涝两大部分。智能排污系统主要针对关键干管和污水泵站进行监测，收集有关污水管流量、流向、流速的数据，经过数据分析，能够对污水管的工作状况、压力进行分析，并优化污水管网和调整污水泵站的运行参数。在污水处理厂的控制系统中，以处理厂流量、进水质量、各构筑物运行状况及构筑物内水质为监测重点，通过模型分析，优化污水处理厂的运行效率，实现节能降耗，并提高控制管理效率。智慧排涝系统则着重对关键雨水干管、易积水点、立交桥等进行监控，全面监测地面径流情况，对主要的易涝点进行全面监测和自动化控制，确保城市排水顺畅。

　　智能电网系统：在城市层面，打造城市能源互联网，将可再生能源、电网、用户实现统一平台管理，实现能源的实时自动化调度和分配。在社区或楼宇层面，建设微电网控制系统，在社区或楼宇实现屋顶太阳能、冷热电三联供能源的合理配给。建设基于区域智慧电网，建设用电信息采集系统、智能变电站、智能供电设备及线路管理系统，实现对各个供电单元及供电设施进行智能化的管理和调度。

　　智慧供气系统通过实时监控关键供气参数，并集成数据采集、计量和控制系统来收集用气数据及管网设施信息，借助智能控制调度平台，不仅实现了燃气供应的智能化管理，也指导了燃气网络的优化和提升。

　　智慧供热与供冷系统通过整合不同的供热和制冷技术，将它们纳入一个综合性的管理平台中。采用智能化的数据收集、热量计量和监控控制系统，自动监控热力站及用户的供热供冷情况。实时收集的管网压力、温度和流量等信息，可依据热力站和用户的需求特性进行全流程的热能分配，以满足不同用户的需求，减少城市能源消耗，实现能源的高效和节约使用。

2.智慧市政的设施支撑

智慧市政的发展不仅依赖于常规的信息化基础设施，还需公共数据中心的强有力支持。这些中心作为智慧市政的核心，承担着基础数据整合与综合决策分析的双重职能。基础数据平台涵盖城市地貌、管网、交通网络、经济动态及建设项目等多方面信息。为此，数据中心需构建以政府数据为基础、业务数据为补充的数据库体系，以建立全面的城市信息库。此外，对已有基础设施的智能化改造也是智慧市政建设中不可或缺的一环，目的是让现有设施满足智慧城市的运作需求。

(二) 对传统市政规划的改变

在传统市政规划方面，智慧市政的引入带来了显著变化。它通过整合信息技术，增设了包括基本信息化设施、数据服务中心以及数据采集与控制设备等在内的新型系统。在进行规划时，应当充分考虑信息化基础设施的合理布局和建设。为此，我们需要推进综合管理设施的建设，如综合管廊等，以优化信息收集、控制和监测功能，并为智慧市政的发展打下坚实的基础。

二、节约型城市的构建与市政规划

在高速城市化的大背景下，我国经济取得了稳健的增长，然而这也给环境和生态带来了不利影响，甚至形成了恶性循环。因此，节约型城市的提出对国家的未来发展和城市进步产生了新的引导和要求，符合我们提倡的可持续发展理念。在构建节约型城市的过程中，我们必须从实际出发，全方位地分析市政规划，以确保我们城市的健康、长久发展。

(一) 节约型城市的内涵

在城市建设发展过程中，能源消耗量较大。为了确保服务的持续性，必须从多个角度进行持续优化和创新。构建节约型城市不仅可以降低资源消耗至最低水平，还可以全面改善生态环境，避免对生态系统造成过度伤害。进一步深入挖掘节约型城市的内涵和特色，将为我们揭示未来工作的方向和目标，并借助有效手段实现这一目标。

构建节约型城市并不是一项短期的建议，而是我国可持续发展战略的重要组成部分。由于我国地域广阔、人口众多，经济发展存在地域差异，因此构建节约型城市能够有效地缓解社会和人口压力。首先，各地区积极打造节约型城市，使得经济、环境达到协调的状态，降低工业数量、减少污染，使城市空气清新，有计划地开发土地；其次，节约型城市的市政规划摒弃了传统方法，力求采用更具可持续性的规划方法，避免频繁拆迁、建设。一个城市的健康发展，必须对城市运作有深入的了解，节约型城市的构建正是从每个城市的具体实际出发，合理分配各项任务，逐步与老旧模式割席，减少城市问题，保障良性运作。

（二）节约型城市的构建、市政规划分析

1. 城市土地资源的规划使用

节约型城市的构建、市政规划当中，土地资源的规划使用是一项决定性的工作。节约型城市的核心理念便是"节约"，这表明未来城市建设将对公共用地的分配、建设项目的批准标准实施更为严格的管理。同时，我们还需在保持土地资源可持续性和肥力的前提下，进行适宜的管理措施，确保城市发展能迈向更加繁荣的未来；接着，在土地资源配置的策略中，还必须深入考虑到环境保护，评估其对未来规划可能带来的影响。现今许多城市面临土地使用高度集约化的挑战，应当避免规划高污染工业，而是优先考虑生态友好型的建筑设计，通过这种方式改善城市的生态循环，进而提升城市整体的生活品质与价值。

2. 城市环境质量规划

在构筑节约型城市和深化市政规划的过程中，提升环境品质也显得尤为重要。近年来，我国多地环境污染日益严峻，南北方城市普遍面临雾霾等问题，严重影响居民的日常生活与健康。在节约型城市的建设过程中，"节约"一词的意义不仅仅是指降低能源消耗和资源浪费，还包括减少污染物的排放、提高空气质量、加强环境建设以及降低废水、废弃物的排放等多项内容。结合过往的经验和现行的环境标准，我们可以从以下几点入手进行环境质量规划：

（1）坚决淘汰高污染企业与工厂，对未能在规定时间内改善的企业进行关闭，从根本上改善环境状况；

（2）强化市政环境建设，对城市绿化进行有效管理，不仅美化城市景观，也有助于空气净化；

（3）考虑环境质量与居民生活的密切联系，在产业结构上进行调整，由传统农业经济模式转向现代化生产力和市场经济，将低端工业化模式转换为高效、现代化的工业路径；

（4）改善城乡分隔状况，推进城乡一体化和综合互动发展。

当前阶段，我国在全国多个城市群中全面开展了节约型城市建设和市政规划工作，取得了显著的成效，对于促进国家全面发展具有重要意义。未来，我们对节约型城市的研究将更加深入，以创造更大的社会价值。

三、市政管理信息规划与平台建设

（一）市政工程平台建设的总体目标和建设原则

城市工程信息化平台的构建，旨在为广大市民提供更为直接和全面的城市发展视图。为此，该平台将采用现代技术手段与城市工程管理及维护任务相结合，其中包括计算机技术、卫星定位技术、互联网技术以及地理信息系统（GIS）技术等。这些现代化手段与城市工程的紧密结合，不仅能够提高城市工程规划与管理的效率，而且能从根本上保障城市工程的安全。由此可见，该平台具有很高的实用性和前瞻性。

（二）市政工程平台建设内容

城市工程信息化管理平台的构建，主要包括两个部分：信息化数据构建与一体化应用集成架构的开发。这两个方面相互依存，首先，信息化数据构建需要利用大数据技术对城市的工程管理和施工情况进行收集、汇总，并将这些数据整理成文档，存储于数据库中，为未来的城市工程施工与管理提供基础支持。其次，一体化应用集成架构旨在促进未来的城市管理与工程施工，通过整合规划业务、技术审查系统、建筑项目电子审批系统、会议服务管理系统等，建立一个多元一体化的平台建设体系。

(三) 平台总体框架

在城市工程信息化管理平台的整体架构设计中，应考虑到不同城市的工程发展与管理体系的多样性，从而采用个性化的管理架构来适应各自的实际需求。从宏观层面看，城市管理的标准化与安全系统大体可分为四个主要部分，这些部分的数据库均需通过网络运行，并实现软硬件资源的兼顾。包括现状数据、规划数据、审批数据及文档数据等数据库，每个数据库都需定期进行更新，以便对城市工程的实施状况和未来规划进行全面记录。

(四) 市政工程信息规划平台设计思路

在设计城市工程信息化规划平台时，重点应放在信息流动性上，辅以工作流程，以便促进业务之间的协同进展。此外，对于统一的规划空间数据和平台管理也需给予足够的重视。尽管各个项目在地图数据和城市实施规划上有着各自的需求，它们的共通之处在于使用平台数据时必须与互联网连接。只有保证网络环境的开放，才能确保城市工程规划的效率。平台的建设还应实现业务流程与数据管理的整合，常用的技术如 CAD、GIS 等，在平台的构建和城市工程规划管理中起着关键作用，不仅显著提高了工作效率，也实现了对城市发展的全方位管理。

(五) 市政工程规划管理信息综合平台的建设要点

1. 规划综合数据库设计与建设

如今大部分城市对绿化工程十分重视，为此相关管理者在设置信息规划平台时，应当注重融入相应的规划数据，将企业现有的空间信息和非空间信息进行汇总，这样能够为施工者提供一个更全面、更真实的信息资源数据库。从宏观角度看，平台的建设不仅能够为人们提供真实、即时、准确的信息，还能够为市政工程管理带来极大便利。

如今市政工程施工与市政工程管理规划是人们所关注的问题，随着人们生活水平的提高与社会的发展，越来越多的人对环境提出了更高的要求，要想满足人们的需求，就要不断地提高城市市政管理效率。及时地了解人们的需求，并不断地完善现有城市规划体系，将互联网与信息技术实现完美融合，为人们提供更全面的市政管理制度。市政管理信息规划与平台建设能够从根本上提升市政管理效率，是市政工程发展过程的标志性环节，也是城市进步的重要体现。

2. 规划业务技术审查系统

在以往的城市工程建设流程中，项目的审批过程烦琐，需经过众多环节，层层汇报，最终获得相关部门的同意后才能启动施工。然而，随着现代社会信息技术的发展，这种状况得到了根本性的改善。信息化技术的引入，极大地提升了城市工程的管理效率，优化了规划业务及技术审查流程。项目的审批和监控过程均可通过在线平台实现，这不仅节约了资源和时间，还有效降低了成本。因此，在数字时代，城市工程管理与网络平台的结合为工程管理的持续优化提供了坚实的基础。

3. 建筑单位电子报批系统

在城市工程管理平台的构建中，电子审批系统的开发尤为关键。该系统主要包括设计端和审批端两个部分：设计端旨在服务于市政单位，审批端则面向政府的规划审批机构。这一技术的应用，使得建筑间隔系数的检测、土地使用权平衡指数计算以及城市经济技术指标的测算等工作变得更加准确高效，促进了多功能一体化空间数据库的建立。通过这种方式，城市管理者能够更加精确地掌握和调控城市建设的每一个环节，推动城市规划和管理向着更加科学化、精细化的方向发展。

(六) 平台建设的总体要求

1. 平台建设的总体技术要求

在构建市政管理信息化平台时，必须确立一系列技术标准，以及对管理人员的严格技术监管政策。通过细致的管理体系和平台监督机制，我们能够为市民打造优质的生活及居住环境。平台技术建设的核心要求可以概括为三个方面：数据的标准化、系统的一体化和数据库的统一更新。数据标准化是指将城市数据按统一格式处理，便于存储与调用；系统一体化强调后台操作的协同性，以开放性为基础构建办公系统，确保信息的公开和管理的透明；数据库统一更新则要求数据库内信息的及时刷新，以保持其权威性和准确性。

2. 平台建设应用的关键技术

在平台的技术应用方面，关键技术主要围绕三维空间模型展开。这些技术使得施工管理人员能对城市规划进行深入全面的分析与规划，实现空间数据与业务数据的整合，促进模型的基础设计及数据模型的统一，如Geodatabase 模型和 SOA 架构。随着社会现代化进程的不断推进，市政工程管理与传统管理方式之间存在显著差异，因此，需要将其融入现代化管理体系中，以适应时代进步的要求。建立相应的规划信息平台，实现数据库和应用系统的无缝对接，是提升管理效率和服务品质的关键。

第二章　现代城市规划的实施

第一节　城市交通规划

一、城市交通规划目标

交通是人与物 (交通主体) 发生场所移动的总称。城市中人们移动和运输物体时，需要根据目的选择适合的方式和机构 (交通工具)，为了让交通得以实现而有计划地建设与改善空间和设施 (交通设施) 就是城市交通规划的目的。

将连接城市内各地区的交通方式和设施按照形式划分，可分为步行、自行车、轮椅、机动车 (私家车、摩托车、出租车、公交车、货车)、轨道车 (电车、地铁、路面电车、单轨铁路、新交通系统)、船舶 (渡轮、驳船、摆渡、水上出租车) 等。也可以将这些交通方式分为私人交通和公共交通。还可以按照人流或者物流的交通主体进行分类，但人流交通存在多样性、复合性的倾向，而目前城市内物流基本上仅依靠汽车、卡车。

交通设施不仅包括道路 (人行道、漫步道、自行车道、机动车道)、铁路轨道、运河、河川这些地点间的移动空间 (连接设施)，还包括使这些空间相互连接的连接点 (结点设施) ——铁路车站、公交车终点站、停车场、公园、广场、港口等。如表 2-1 所示

表 2-1　交通方式和交通设施

交通方式	私人交通	步行、轮椅、自行车、电动车、摩托车、私家车
	公共交通	专线公交车、电车、地铁、动车、新交通系统、轮渡
交通设施	链接设施	人行道、漫步道、自行车道、机动车道、铁路、运河、河川
	结点设施	公园、广场、停车场、公交车终点站、货车终点站、铁路站、港口

城市交通规划的目标是城市内移动，能够满足快速（迅速性）、舒适（舒适性）、确定（准时性）、安全（安全性、防范性）、便捷（容易性）、实惠出行（经济性）、环保（善待环境）、抗灾（防灾性）这些要求，并且能够不断优化交通环境。城市中分布的交通网如同人体血管一样，是为整个城市输送活力和能源的生命线。交通网的充实程度，大大影响了城市的功能和特性，所以城市交通规划是城市规划中非常重要的因素。

(一) 迅速性

尽可能快地到达目的地，除了欣赏周围风景等特别目的以外，能够实现不延迟而短时到达目的地，是交通设施追求的最重要事项之一。

(二) 舒适性

尽量避免因交通混杂或受气候、气温等因素的影响，给人们带来身体的不适或耗费很大的精力，能够提供舒适的出行环境是很重要的。

(三) 准时性

季节和天气变化这些自然环境因素造成影响较小，且不会发生始料未及的延迟，保证在预定的时间内安全到达目的地。

(四) 安全性、防范性

尽量避免交通事故和伤害事故的发生，特别是高速公路的出行需要格外注意运载大量乘客的公共交通工具。

(五) 容易性

根据使用者的特性配备操作简单无障碍的设施，特别针对"交通弱势"的残障人士、孩子、老人、轮椅使用者等人群实行特别照顾。

(六) 经济性

城市交通是人们日常所必需的，有时还会出现很高的使用频次，尽量减少出行产生的经济负担是不可缺少的。

(七) 善待环境

交通工具运行中所产生的噪声、震动、尾气排放等问题会对人口密集的空间造成影响，甚至会成为城市公害的发生源，因而制定排除、减轻这些恶劣影响的对策很重要。同时这些对策对于地球环境、生物生存环境的保护、能源的节约等方面也起到了积极的作用。另外，保护交通设施周边居民的隐私也是不容忽视的。

(八) 防灾性

如果交通工具和设施在这些灾害中出现功能不完善的情况，就会给受灾者的避难和救援造成阻碍。特别是不确定使用人数的公共交通工具和干线道路网，需要具备完善的防灾性能。应在城市规划中指定地震灾害发生时，优先进行障碍物清除和紧急修补的道路 (紧急疏散道路)，以确保紧急输送道路的畅通和受灾者的救援、救护活动的顺利开展。

二、通行量调查方法

(一) 断面交通量调查

在交通路线上设置观测点 (出入口)，调查员每隔一段时间计算通过的行人和汽车等的交通数据，以把握该地点的交通量。设定多个观测点，根据观测对象的类别和行进方向进行不同的计算和预测，就能确定特定路线和地区单位的通行量，但无法获得出发和到达地点的信息。

(二) 起讫点调查

这项调查是通过对居民和交通工具使用者进行问卷调查而进行的，通过询问交通出发地和目的地等信息，把握通行量及其目的的方法。

(三) 个人出行调查

起讫点调查中，根据居民一个人一天的交通行动 (出发地、目的地、使用交通工具、交通目的等) 所做的问卷调查而掌握的信息称为个人出行调查。

这个调查名称中"出行"是指一个人因为某种交通目的而到达目的地时所发生的一系列交通行动（换乘多个交通工具等），当一个交通目的结束时发生的一系列行动算作"一次出行"，如"从家出发步行到车站—乘坐公交车—换乘电车—步行抵达上班地点"，这样的出勤行为即是一次出行。如果接下来又从公司出发乘坐营运车去拜访客户，即是另一次出行，再从客户处回到公司，也算是一次出行，傍晚下班后返程回家，又发生一次出行，因此一天之中发生了四次出行。

（四）物资流动调查

个人出行调查是以人流为对象，而用来确定物流信息的调查则称为物资流动调查。这项调查是将与物体移动相关的企业和商店作为调查对象来进行问卷调查，确定搬入、搬出物资的种类和数量，物资的发送地、发往地，运输手段以及该企业的属性（所在地、行业类别、规模等）。相对于人流的出行概念，物流调查是指出发和到达地点之间的物体移动，并以货运为单位进行统计。

三、城市交通规划的思路

（一）轨道交通（铁路、地铁）

城市中没有比它更能在短时间内让大量人员准时移动的交通工具了。而像铁轨这样的交通设施会占据很长一段城市空间，容易发生将社区和学校校区分割的现象。为了缓和铁路和交叉道路等造成的交通拥堵现象，开始积极地推进线路高架化和地下工程（连续立体交叉工程），在车站前的一定范围内连续建设几个道口的做法也有显著的成效。特别是通过住宅密集区域的线路，不用高架而是采取向地下延伸的措施，避免电车通行时的噪声和震动成为城市的环境问题。

采用高架式铁路运行时，为了避免地上露出的构筑物影响城市的景观，需要注意隔音壁等的设计。在地面上架设的线路和站台通常作为城市边缘和地面标识而被大众所认知，这也在构建标识性城市方面起着非常重要的作用。相对于地面建筑，修建在地下的路线和车站，虽然不会影响城市景观，

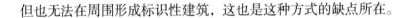

但也无法在周围形成标识性建筑，这也是这种方式的缺点所在。

（二）专线公交车、社区公交车

专线公交车是能够网络状覆盖城市的公共交通工具，其缺点是陷入道路拥堵后无法准时运行。为了避免这一情况，在单侧可以同时并行两辆以上汽车的干线道路上，设置了公交车专用道和公交车优先道，保证其顺畅通行。如果不能大大提高公交车的优先性，就会导致因私家车增加，公交车无法准时运行，期待能够出台积极的应对措施。特别是从减少尾气排放和节约能源的角度来看，减少私家车的使用，鼓励乘坐公交车出行是一项让人期待的措施。

为了减轻在公交车站等待乘客的心理负担，显示或者广播公交车运行状况，或使用能够通知下一班公交车到达所需时间的公交车定位系统也是很有效的。另外，如果公交车运行间隔混乱，就容易变成排成长队的扎堆运行。因为前面公交车发生严重延迟，导致公交车站滞留了很多乘客，他们在依次排队上车时会出现严重的混乱局面，而在公交车站每次停靠的时间加长会导致更加严重的延迟。并且也会发生因为前面的公交车将滞留的乘客带走了，后面跟着的公交车乘客减少了，上下车也变得顺畅，就追上了前面的公交车。因此，引入避免出现无效率行驶的运行管理系统是很重要的。

（三）汽车、货车、出租车

"上门"运送人和物品的汽车是城市中最为便利的交通工具，特别是物流行业基本上都使用汽车进行配送。因其便利性造成交通量不断增加，为了缓和交通拥堵，新设了绕行路线和停车场，拓宽现有道路、扩大交通容量的措施也快达到极限。因此，近年来为了平衡有限的交通容量，相关政策将重点转移到加强控制交通需求方面，同时也从当初的如何解决交通拥堵问题，转为重视减少尾气排放和防止地球变暖的环境对策。

使道路畅通的方法中，既有整顿拥堵交通设置的"单行道"，又有配合上班、上学、回家的时间等变化增加某一时间段内车行道数量的"两用车道"。另外，还有根据驾驶员所缴的税金来控制通行量的"电子公路收费制度"，即进入极其拥堵的路段时，要求缴纳税金；而绕道选择比较通畅的路线时费用会打折。为了大幅减少车辆进入行驶缓慢路段，采取了根据车牌号等信息，控制进入市中心禁止区域的"车牌规制"和"区域驾驶证制"，以及一辆车只有少数人乘坐时就会多收通行费或必须达到核定人数方可通行的"多人乘车道"等方法。

在市中心和繁华街道，为了有效利用散布在附近的小规模停车场，使用能够提示停车场位置和空位状况以及等待时间的停车引导系统是很有效的。

（四）自行车

自行车除了陡峭地形外可以进入任何狭小的空间，是安全、轻便、经济、方便，男女老少都能使用且非常环保的交通工具。但是，大量的自行车聚集在车站前和商业街上，如果没有规划性地预留足够的停放空间，就变成了妨碍行人通过的障碍物，也有可能影响街道景观。为了避免车站前的混乱情况，特别配备了付费、登记制的自行车停车场等，另外，为防止增加违规停放车辆的措施也是必要的。而且最近开始了减少自行车投入数量的新尝试，引入了会员制的租赁自行车，并且还开展了多会员共同使用自行车或电动自行车的共享系统的实验。

（五）汽车交通稳静化

如果仅单纯考虑汽车这一种交通工具，保证尽量高速行驶的交通环境就可以了。但是，为了追求汽车与行人的和谐共存，减轻影响道路周边区域的噪声、震动、尾气排放等不良因素，就需要考虑道路空间的线形形状和路面设计等问题，采取限速措施，并减少地区内的通行量。

居住区希望维持安静的生活环境，为了限制进入这一地区的来往交通，在地区内的道路结构中采用"尽端路"，平时禁止在干线道路的出入口通行这一措施是非常有效的。

居住区内的道路是人车共用型，不仅是供人或车通行的空间，也是居民生活空间中道路系统的一部分。它没有明确区分车行道和人行道，在蜿蜒的道路上进一步设置弯道，在重要位置设置减速丘，或将一部分道路变窄，在路面和十字路口使用砖块并用花砖铺设人行道，这样通过各种设置限制通行车辆速度的同时，追求车辆与行人的和谐共存。

（六）完善步行空间

使步行者和轮椅使用者尽量不与机动车道发生交叉，并且安全、舒适地在城市中移动的步行空间是城市交通规划中非常重要的课题。

为了确保安全的步行空间，需要将行人与机动车的通行实现分离，其中一个方法就是雷德朋方式。这一方式主要用于居住区道路规划，在周边被干线道路包围的街区中设置"尽端路"或U形车道禁止机动车来往通行，在住宅的后面铺设和前面不同的行人专用道路网，提供了能够在公园、中小学、购物中心等日常生活设施安全步行的环境。

相对于雷德朋方式的平面分离，在来往行人拥挤的市中心则采用人、车上下立体分离型的步行空间这一重要措施。最常见的是，为了避免车站前出现错综复杂的路况，设置了行人专用的行人天桥，在车站广场的上空形成了人工通道以缓解交通混杂情况和确保行人的安全性。跨越车站广场延长至街道中央，形成了和市中心地区其他建筑的空中回廊相连的城市空间。无障碍设施方面比较好的是在空中回廊的通道中设置移动人行道，地面和回廊之间设置自动扶梯和升降电梯，关注老龄化社会的需要。

一般来说，平均300～600 m的"步行距离"，会受到季节、气候、风力、气温、年龄、体力和身体状况以及携带物品大小、重量、数量，道路坡度和路面状态，周围风景等各种因素的影响。为了给人们提供能够舒适行走的步行空间，须根据人数提供充分的通行空间，并且沿途背景等因素不会给行人造成压迫感。在完善和管理方面，利用舒适的路面，缓冲绿地等元素遮掩不雅景观，激发步行的欲望。沿途配置可供休息的长椅等设施，建造小公园，为保障步行路径的安全，移除过密的植物、提供照明充足的路灯等，这些关于交通环境的考虑是非常重要的。

第二节　公园绿地规划

一、城市与绿地

(一) 绿地与开放空间的意义

绿地的概念有广义、狭义之分。在国土规划、人地景观规划及景观生态学等研究领域内，不论是自然植被，还是经人工栽培，凡是生长着绿色植物的地域，都称为绿地。这是广义的绿地概念，所涵盖的内容对于城市而言过于宽泛。在建筑学、城市规划和风景园林中，绿地的概念是指在城市规划用地的区域内，具有改善和保持生态环境、美化市容市貌、提供休闲游憩场地及卫生、安全防护等各种功能的种植有绿色植物的区域。这种狭义的绿地概念仅指城市规划用地范围内的绿化用地。

绿地是城市开放空间系统的一个重要组成部分。从空间体的角度看，绿地是一种特殊形式的开放空间。我国传统上的绿地概念，是从用地的外部形态来理解的，而忽略了绿地作为一个空间体的本质。绿地作为一种特殊形式的空间体，它的本质是开放的，不仅包括有别于建筑实体空间上的开放，还包括向人们开放，能够吸引、容纳社会公共活动在其中的含义。开放空间拓展了绿地的外延，而绿地也限定了开放空间的范畴。

(二) 开放空间的概念

开放空间的概念具有"建设用地中的公园绿地、水面、道路以及城市规划中居住用地内的花园、庭园等"的广泛内涵。

英国1906年的《开放空间法》中，开放空间被定义为"无论是否有围合，1/20以上面积没有被建筑物遮住，全部或者部分作为庭院进行设计，或供休闲、娱乐使用，或处于荒废状态的土地"，并不包含道路交通用地。

(三) 开放空间的功能

1. 存在效果

(1) 保护功能

保护自然和文化遗产，保障光照、通风，防止公害，防止火势蔓延，缓冲爆炸等事故，防止山体塌方，形成城市景观，保护环境等功能，是灾害发生时的临时避难所。

(2) 城市街区的形态制约

对城市发展形态的制约、引导和防止城市街区扩张的效果。

(3) 造景功能

开放空间的存在构成了景观并营造舒适性环境，能够与建筑物相配合提升城市整体的视觉效果。

2. 使用效果

(1) 生产功能

农林业有着生产的功能。森林和农用地在土地使用分类上，称为生产绿地。

(2) 休闲功能

公园、运动场、高尔夫球场、动植物园等具有运动、休闲等功能，也可作为社区活动场所。

二、规划制定顺序

(一) 城市构想

公园绿地规划制定时，首先需要根据相当于城市发展战略的"城市综合规划 (基本构想、总体规划)"，充分地把握、讨论"市镇村总体规划"，并进行整合，从而决定未来的城市构想。

(二) 目标设定

按照未来城市构想，更加具体地制定实现的设施和环境标准。在这一阶段，关于公园、绿地规划数量的目标，应与指导性的上位规划进行整合，并按需要进行量化考核。

（三）目标标准

在设定公园与绿地规划的目标标准时所使用的指导性上位综合规划，大致分为某个特定区域的综合规划和体现全国整体政策的规划。特定区域综合规划包含"绿地总体规划""城市绿地推进规划"，以及统括两个规划的"绿地基本规划"。此外，要考虑各市镇村的自然、社会条件以及城市结构等各不相同，以及少子、老龄化因素可能会引起人均公园面积的相对增加。

（四）调查分析

把握对象城市的现状，为深入了解目标城市的当前状况，并就公园绿地的需求量、适宜规模及合理布局等方面进行系统研究，需开展以下调查工作：

第一，自然条件调查：气象调查，地形调查，地质、土壤调查，植被调查，其他特性调查；

第二，社会条件调查：人口、面积调查，土地使用调查，城市设施调查，城市街区开发调查，公害、灾害发生状况调查，土地权调查，法律适用调查，文化遗产调查；

第三，其他：绿地资源现状调查，户外休闲设施调查，景观调查，区域防灾规划规定的避难相关调查。

（五）规划制定

充分把握该城市面临的问题，在明确目标的基础上按照公园绿地规划的建设目的，制定各类使用构想并进行各种需求预测，参考国家公示的规划标准和其他规划案例后制定规划。进一步评估该规划方案后，如有必要重新推敲基本规划方案，确定最终方案后付诸实施。

三、公园绿地的作用和分类

根据各种功能，制定了公园与绿地的相应标准。

（一）城市公园的作用和分类

城市公园作为城市居民不可或缺的设施，是需要受到重视的，随着近年来国民生活状况发生巨大变化，对如今的城市公园产生了新的需求。城市公园应满足以下功能：

第一，保护身边的生活环境和城市自然环境；

第二，维持并增进国民身心的健康发展；

第三，开展国民社区活动，终身学习、文化创作，充实日常生活；

第四，保护国民生命、财产免受灾害，构建安全城市；

第五，激发对家乡的骄傲和依恋之情，形成充满魅力和情趣的地区。

城市公园大致分为居住基础公园和城市基础公园。居住基础公园是每平方千米内日常生活不可或缺的设施，也就是邻近居住区应配备的公园，分为街区公园、邻近公园以及区域公园。城市基础公园是以城市为规划单位而配备的公园，因整体规模较大，能够作为防灾上的避难点。

除上述公园外，还有防止灾害的缓冲绿地，保护和改善城市自然环境、提高城市景观的城市绿地，用于灾害发生时的避难线路，确保城市生活安全性、舒适性的绿带。

（二）公园绿地系统

除单独地建设上述公园和绿地之外，发掘各区域的绿地资源，整合城市土地使用规划，同时以公园系统为核心与绿化带等相结合，系统地进行建设、有机地连接而成的开放空间系统称为"公园绿地系统"，实际是"公园绿地和道路系统"的简称。将过去分别建设的公园和道路融为一体，通过利用优良的城市基础（大规模公园、林荫大道、绿化道路等），引导有规划的城市街区开发，共同保护良好的自然环境。

公园绿地系统针对城市的无秩序扩张进行有计划的引导和控制这种做法，在20世纪20年代的分区制成为建筑和用途管理的主要方法之前，经过半个世纪的实践是很有意义的。其结果就是孕育出根据基本规划的公共投资分配和收取，可称为城市规划基础的综合规划思维方式。

公园绿地系统模式，有放射状、环状、楔状、格子状、放射环状等。这些模式中哪个最适用取决于城市的自然条件和社会条件，需要构建与土地使用规划等相互整合并能够实施的模式。

四、公园绿地的规划标准

(一)城市绿地系统规划应遵循下列原则

第一，尊重自然、生态优先的原则，尊重自然地理特征和山水格局，优先保护城乡生态系统，维护城乡生态安全；

第二，统筹兼顾、科学布局的原则，统筹市域生态保护和城乡建设格局，构建绿地生态网络，促进城绿协调发展，优化城市空间格局和绿地空间布局；

第三，以人为本、功能多元的原则，满足人民群众日益增长的美好生活需要，提高绿地游憩服务供给水平，充分发挥绿地综合功能；

第四，因地制宜、突出特色的原则，依托各类自然景观和历史文化资源，塑造绿地景观风貌，凸显城市地域特色。

(二)城市总体规划

城市总体规划中的绿地系统规划和单独编制的绿地系统专项规划的内容宜包括市域和城区两个层次。

(三)城市绿地系统

城市绿地系统的发展目标和指标应近、远期结合，与城市定位、经济社会及园林绿化发展水平相适应。

(四)城市总体规划中的绿地系统规划应明确发展目标

布局重要区域绿地，确定城区绿地率、人均公园绿地面积等指标，明确城区绿地系统结构和公园绿地分级配置要求，布局大型公园绿地、防护绿地和广场用地，确定重要公园绿地、防护绿地的绿线等。

(五) 城市绿地系统专项规划期限

城市绿地系统专项规划期限应与城市总体规划保持一致，并应对城市绿地系统的发展远景提出规划构想。

(六) 城市绿地系统专项规划应以城市总体规划为依据

明确绿地系统发展的目标、指标、市域和城区的绿地系统布局结构，分类规划城区公园绿地、防护绿地和广场用地，提出附属绿地规划控制要求，编制专业规划和近期建设规划。

(七) 城市绿地系统专项规划应从市域绿色生态出发

城市绿地系统专项规划应从市域绿色生态空间管控、城区绿地布局结构和指标、各类绿地建设管养、绿线管控、专业规划实施等方面综合评价城市园林绿化现状发展水平。

(八) 详细规划应对规划范围

详细规划应对规划范围内的综合公园、社区公园、专类公园、游园、广场用地和各类防护绿地划定绿线，并应规定绿地率控制指标和绿化用地界线的具体坐标。修建性详细规划还应划定纳入绿地率指标统计范围的附属绿地的绿线。

(九) 与海绵城市相结合

城市绿地规划在保证绿地生态、游憩、景观和防护功能的前提下，宜与海绵城市建设相结合，发挥城市绿地滞缓、净化和利用雨水的功能。

(十) 修复废弃地

城市绿地规划应与城市生态修复和城市功能修补规划相结合，修复利用城市废弃地，改善城市生态环境。

第三节　城市防灾规划

一、城市灾害

城市的灾害有火灾、风灾、水灾（建筑浸水和损坏）、雪灾、地震灾害（构筑物的倒塌、损坏）、泥石流灾害等，其原因不仅仅是地震、海啸、台风、暴风雨、暴雨、暴雪、洪水、满潮、雪崩、火山喷发等自然现象，还有起火、危险储藏物泄漏、爆炸等人为原因引起的灾害。威胁到城市中人们生命财产的灾害，其发生原因是由多种要素构成，发生的场合也很多，为了保护城市免受灾害，并将受害控制在最小限度，需要综合性地考虑防灾规划。特别是地震灾害很难预知，火灾等次生灾害也很容易在城市内集中、扩大，所以在城市防灾中最应该关注这一问题。

二、防止灾害扩大规划

（一）火灾蔓延预防对策

为了防止火灾蔓延，利用主干道、运河、河川、铁路、公园与绿地这些空间，设置"城市防火区"，建筑群则采用耐火设计，并以绿化沿路、沿河形成"延烧阻隔带"，以此提高防灾效果。

通过延烧阻隔带设置防火区，防止区域内发生的火灾蔓延到邻近区域的同时，也能防止区域外的火源蔓延至本区。特别是在采取消防灭火后仍然无法扑灭的大规模火灾的情况下，延烧阻隔燃带起着"终止火情"，防止受灾地区扩大的作用。

（二）水灾预防措施

因台风和暴雨而发生的浸水等受害情况的相应对策大致分为两种：一是河川改造建设分水渠和排水渠；二是为避免雨水暴增的紧急排水，强化蓄水、引流等功能。

防止因堤坝塌陷为河流两岸居民生活带来的不便，修建了确保堤坝用地有效的"高规格堤坝（通称超级堤坝）"，提高河川沿岸背后的整体用地，将堤坝和城市街道进行一体化建设，与以往的"缓倾斜型堤坝"相比，安全性和亲水性突出的同时，还减少了河川区域用地的征地面积，对开发主体有整体优势。

城市的保水功能提高，一般雨水先暂时贮存，降雨停止后再慢慢让水渗透至地下，然后向河川排水。城市中建造的校园和公园，如果采用适合的泥土做好预备工作，对于雨水渗透是非常有利的。另外，最近在道路建设等方面，渐渐普及了容易使雨水渗透至地下的"透水性铺装"。

三、场地避难与引导规划

灾害发生时，将人们引导至安全场所的避难规划作为高危、老化木建筑密集的城市街道等区域中最为重要的防灾规划。当灾害发生后，避难者可以疏散暂时停留于集合的场所（暂时避难地），经避难引导最终到达安全场所（大型避难地），因此完善避难路线，为顺利引导人们避难而提供避难信息的工作是很有必要的。

（一）避难地配置

1. 临时避难地

当距离大型避难场地较远时，为了引导避难者安全到达避难地，在日常生活圈设置暂时的集合场所（暂时避难地）。集合在此地的人群由自治会人员或警察带领前往大型避难场地。

2. 应急避难场所选址

可选择公园、绿地、广场、体育场、室内公共的场、馆、所和地下人防工事等作为应急避难场所的场址。选址要充分考虑场地的安全问题，注意所选场地的地质情况，避开地震断裂带，洪涝、山体滑坡、泥石流等自然灾害易发地段；选择地势较高且平坦空旷，易于排水、适宜搭建帐篷的地形；选择在高层建筑物、高耸构筑物的坍塌范围距离之外；选择在有毒气体储放地、易燃易爆物或核放射物储放地、高压输变电线路等设施影响范围之外的地段。应急避难场所附近还应有方向不同的两条以上通畅快捷的疏散通道。

(二) 应急疏散原则

1. 远近兼顾原则

应急避难所 (疏散基地) 的建设要纳入城市总体规划。在应急避难所的建设规划上应分为近期规划和远期规划。近期规划主要结合现有建筑物、绿地、公园、广场、人防工程等情况、人口密度和安全因素来规划应急避难所 (疏散基地) 布局；远期规划要在城市总体规划中融入安全城市的理念，在规划城市发展、旧城改造中优先考虑市民安全的避难避险安全空间，并结合避难场所用地及周边情况，兼顾政府在防灾 (空) 中避难所 (疏散基地) 建设的需要。使近期规划的应急避难所 (疏散基地) 的建设适应当前防灾 (空) 的需要，远期规划通过城市改造和发展，形成布局合理的应急避难所 (疏散基地) 的体系。

2. 分级建设原则

根据场地面积规模，相应条件与设施功能将应急避难所划分成三个等级。一级规模为市级避难所，主要用于灾后进行紧急救助，重建家园和恢复城市功能等减轻各种灾害的避难场所；二级规模为区级避难场所，主要用于灾难发生时收容附近地区居民，使其免受灾害伤害，可保障避难居民生活所需；三级规模为街道、社区避难场所，主要用于在发生灾害时，在短期内供受灾居民临时避难用。

3. 均衡布局原则

应急避难所 (疏散基地) 建设要坚持均衡布局的原则，使避难所的布局数量与市民避难需求相适应。街道 (社区) 的应急避难所在居住区内及其周围，步行距离以 5～10 min 为宜。

4. 道路畅通原则

应急避难所 (疏散基地) 建设应远离高大建筑物、易燃易爆化学物品、易发生火灾、塌方的地区，尽可能选择地势较平坦、易于搭建帐篷的地方。应急避难所无论是建在地面或在地下，应有 2 条以上的疏散通道，路况要符合消防要求，快速通畅，确保市民迅速进入应急避难所 (疏散基地)。

四、救援规划

为了防止扩大灾情，居民迅速且冷静地应对灾害的防灾活动是非常必要的。为了保证居民自发救助受灾人员，在区域生活圈（小学校区）配备救灾活动所需的器材和消防设备也是很重要的。同时在地震后火灾可能多发的地方，很难确保日常的消防栓或防火水槽中具备充足的水量，希望平时就能够加强河流、运河、池、渠、海、湖、井等城市中水空间的建设工作。

当大地震发生且灾害波及范围较广时，很难依靠外部救援，所以在一定范围的生活圈内建设能够自主防灾、救援的环境场地是非常重要的。以此为中心的区域就是防灾据点。防灾据点具有收集、传达灾害信息的基本功能，救助区域内受灾者的救援功能，作为避难所收容避难者的功能，储备防灾用品和特殊食品并在灾害发生时收集和递送的功能，对市民防灾意识的启发、教育功能等，囊括城市防灾的各种功能。考虑到这些设施平时的有效利用率，很多情况下也在社区中心、公民馆等地和福利设施同时设置。

五、灾害恢复规划

恢复受灾城市时，首先必须恢复维持人们生活的给排水、煤气、电力、道路、铁路等生命线。特别是极为重要且难以运输的水源，饮用水自不待言，清洁、洗浴等需要大量生活用水的场所，对于受害者而言是最为实际的。确保生活用水、火灾发生时的灭火用水，城市中储存的有用的自然水也是非常重要的。

假设道路被瓦砾堵塞，铁路中断不能使用地面交通时，就需要注重使用海、湖沼、运河、河川等水上交通工具。而且，暂时能够收集灾害产生的瓦砾和沙土并进行处理的空间是灾害恢复的重要环节。

第四节　城市其他规划

一、城市环境规划

(一) 城市与环境政策

从人们可以高密度地集中居住这一方面来看，城市是有优势的，但过度集中 (过密) 会引发各种环境问题、城市问题。为了改善这一状况，应该充分考虑公众环境，努力恢复城市环境。

(二) 城市环境规划的内容

1. 自然环境的保护

海洋、河川、湖沼岸边和树林地等，都是需要保护的在城市中仅有的自然环境，因此更要努力追求人类与动植物之间的和谐共存。特别是在微生物容易生存繁殖的水面和沿岸空间，是生物产卵保育的重要场所，需要高度重视。在 (海、河等) 浅滩地方，水中含有的营养成分如氮、磷等吸附于芦苇等一些植物、贝类、微生物上，具有净化水质的功能。而且，城市中保留下来的河川等水体空间，因高温而蒸发的水蒸气可以降低气温，防止城市热岛效应发生。

2. 环境补救和环境改善

根据市、区改进城市管理与改善人居环境工作要求，要进行 "四严一抓" 新举措，全面推进改进城市管理与改善人居环境工作全面深入开展。

严标准。把改进城市管理与改善人居环境作为街道重要任务，细化工作方案，明确工作规范，严格主次干道、背街小巷、牌匾杆线、违建透绿、环保防尘等整治标准，坚持 "不留下一处死角、不漏过一个细节、不放过一寸裸土" 的原则，对辖区内可视范围进行全方位整治。

严整治。采用 "机械化清扫、人工化保洁" 作业模式，对辖区道路、绿化带和卫生死角尘土、垃圾、杂物进行清理；综治办联合交警大队对辖区重点路段开展交通乱象专项整治；集中力量对辖区建筑进行全面合理规划。

严督查。街道主要领导不定期、不定线对各村 (社区) 整治工作进行实地督导；包村（社区）部门人员每日对整治情况进行实时监督检查；街道督查组采用重点巡查和分类抽查相结合的方式，开展不间断督查，发现问题，能立行立改的，立即整改，不能立即整改的，及时建立台账，明确整改责任，逐一进行销号；对于整改不力的下发督查通报，督促及时整改到位。

严奖惩。通过观摩和考核评比，奖优惩劣，对工作开展较好的村（社区）进行通报表扬，颁发红旗鼓励，给予激励奖金。

抓长效。建立完善长效工作机制，实行街道干部包村、村干部包片、村民组长包户、保洁员包街、商家店铺"门前四包"自治管理；完善垃圾分类投放、收集、运输；坚持"动态化整治、常态化管控"，动员全民参与其中。

3. 节能和再利用

如果在较大范围的高密度人口和设施集中的城市环境中合理利用能源和资源，就能有效运用各种设施单体，对生活环境和自然环境产生各种积极的效果。例如，将雨水储水槽作为蓄热槽应用；通过停车场或滞留区域的道路交通信息系统实现交通分流与协调；屋顶设置太阳能装置，利用太阳能节能减排，有助于大气净化以及缓和温室效应。

4. 水循环利用

构建综合性控制、再利用，并有效杜绝浪费的城市项目水循环系统。

雨水储存于具有调节池功能及防洪效果的蓄水设施中，可在公园与绿地洒水等场合使用。另外，城市中道路铺设尽量采用透水性较强的铺设材料，涵养地下水源并减少大雨对河川造成的冲击。

有效处理河川水和污水，积极建设中水道，灵活应用于厕所清洁用水、室外洒水、冷却水等。积极推进污水、污泥处理，可将其加工成积肥和砖块并作为资源加以利用。

二、居住用地规划

(一) 住房问题与住房政策

1. 住房问题

发展经济学认为，城市化伴随着工业化进程同步发生是经济发展的普遍规律。城市化的主要表现形式是乡—城人口迁移、农业劳动力比重下降、农村人口转变为城市人口。城市的主要特征是集中，集中能产生集聚效应，降低经济运行中的交易成本，从而提供资源使用效率。城市化主要由集聚经济效应、比较成本优势、推力和拉力因素以及城市发展的循环积累效应等因素推动。在许多发展中国家的城市化过程中，存在城市化推进速度明显超过工业化速度，由农业承载力压力形成的大规模农村剩余劳动力被迫向城市迁移，导致城市部门无法吸纳数量巨大的转移人口，大量转移人口滞留在城市的非正规部门和传统部门，进而造成严重的失业和贫困等问题，被称为"过度城市化"或"超前的城市化"。这样就很容易造成就业、住房、教育、医疗和社会保障发展不均衡。此外，市中心居住者虽然具有上班和住处较近的地理优势，但是噪声、大气污染、交通堵塞、绿地不足、老龄化以及地价上涨等原因造成了居住用地转向其他用途，导致现有社区的崩溃，缺少了居住环境应有的条件。因此，在城市化背景下寻求解决住房问题的途径，就显得非常迫切而重要了。

2. 住房策略

(1)培育和规范低端租房市场

首先，在增加低端租房房源供应上，应按照"政府主导、市场运作"的原则，由政府牵头、引导社会力量建设符合农民工特点的租房。政府则应在租房建设选址、供地及相关配套设施建设方面予以支持，增强租房建设的市场激励，优化住房建设品质和空间布局，使租房供应基本上切合农民工的实际需求，方便其通勤并节省通勤成本。同时可考虑设立低端住房补贴基金，向缺乏基本住房可支付能力的群众提供救济。

(2)适时有序推动将农民工纳入城市住房保障体系

农民工市民化是大势所趋，而同时他们又是城市住房困难群体，将他们纳入城市住房保障体系是必然趋势。但要适应经济发展阶段和财力承受能力情况，量力而行，循序渐进地予以推进。在财力可承受的限度内，逐步推动城市廉租房、经适房、住房公积金等住房保障项目向农民工开放，增加农民工对城市住房的可及性。

(3)优化住房环境，保障住房安全

要做好住房安全的后续工作，为住房人员提供一个舒适的、放心的、绿色的生活环境，此外，要定期对安全隐患进行排查，做好后勤工作才是住房安全有保障的重中之重。

(二) 住房规划构想的作用

住房规划构想将住房政策作为解决住房问题的中心，有机地结合城市规划、社会福利政策、地区振兴、教育、文化振兴等居住环境有关的各项政策，制定为推进良好社区形成的基本方针。另外，创建住房环境形成相关的具体住房项目规划、城市规划、各种福利规划、制度等要与规划构想中的方针相互整合实施。

但是，因为规划构想并不像详细规划等那样直接联动，对于各个构想、措施，有可能止步于理念层面。也就是说，整体居住环境并不是个别规划和措施实现后达到的效果，是由与住房环境相关的多种规划、措施等综合形成的，住房规划构想目标的综合性限制在现实中的个别规划、措施中很难保障。

住房规划构想方案由以下内容构成：

第一，住房规划构想的目的。

第二，现状分析：城市概况、人口、家庭状况、市民生活状态、居住意识等。

第三，住宅政策的课题：整治现有城市街区，创建新住房城市街区，应对老龄化社会，提高住房质量，居民参与建设。

第四，住宅政策的理念：历史、文化以及城市和田园的协调，职场和住房邻近等。

第五，基本政策实施：中心城区住房引导，适应老龄化的城镇建设，提供公有租赁住房，市民、企业相互协作等。

第六，住宅、宅基地提供计划：居住规模的目标，居住环境改善的目标，需要公共援助的困难住户，所需宅基地的推算，住房相关的土地利用规划，重点供给地区。

另外，作为实现住房规划构想的手段，与住房环境形成的相关物质规划之间实现相互整合是非常重要的，需要与城市规划之间进行紧密协作。进一步而言，保障各个居住区规划实现的工作方式会直接关系到良好居住环境的形成。

(三) 居住区的开发形态

开发形态从现有城市街区中多户的建筑行为发展到在郊外等地进行大规模居住区开发，有着多种多样的形式，其中场地选址、开发目标、开发主体、开发手法都有所不同。而且，开发时住房规划构想与城市规划方针有必要相互整合。

第一，开发目标：公有或者民间住房项目主体进行的居住区开发，不良居住区的修复、改良或者城市街区再开发，新城市街区形成，等等。

第二，开发主体：公团、公社、自治体(公营)、民间开发者、合作社等。

第三，开发方式：开发许可制度中的民间开发，依《建筑标准法》中的住房建设进行综合性的设计开发，土地区划整理项目，新住房城市街区开发项目，城市街区再开发项目，公营、公团、公社的城市街区住房建设项目，居住区改良项目等。

第四，开发形态：区划整理的城市街区内小规模开发、郊外集合居住区开发(低层、中层、高层、混合)。

第五，新城开发：城市再开发的城市街区内复合开发、城市街区公寓开发、防灾据点开发、居住区改良。

第六，形成和保护良好居住区环境的制度：建筑协议、地区规划制度、开发指导纲要、景观条例、绿化协议等。

(四) 居住区规划的方法

1. 区域性

居住区的基本构架，标志着主体共同生活的最大范围，区域性使居住区初步奠定自身的意义。要形成居住区，首先要有一个空间范围，这里侧重于强调它的闭合性。构成区域性的因素非常复杂模糊，往往是精神与物质的混合体。它的存在机制在于居住区主体的共同认同。区域性包容的范围无疑为主体提供了归属感，在此感情的共同体验下，居住区的主体彼此萌发同属感，这是走向共同生活的心理基础。

2. 向心性

向心性可以是空间的、场所性的，也可以是实体的、标志性的。向心性是居住区的秩序焦点，是主体共同生活的动力意向根源，使居住区开始发生向心性，没有向心性，居住区内部就是混沌的。向心性是主体对环境的动力意向根源。人的空间以主体为核心。这种观念不仅作为一般组织化手段，还作为环境的参考符号而外射。在居住环境中，这种心理演变为居住区主体的自我意识，成为共同生活的动力意向，决定了居住区生活的根本模式。居住区环境内向心性的存在是这种心灵结构的外化，具有公共化的特性。故与居住区的公共生活有强大的满合力。

3. 有序性

居住区的动态结构，主体共同生活的有机化。克服了主体的个人构成与共同生活的矛盾，是指居住区环境中各种序列的连续性，环境的断裂必然导致主体行为中的隔阂，这隔阂将削弱居住区群体交流活动。在有序性的环境中，主体的行为也是有序性的，而这种有序性就形成运动中的秩序，这样居住区不仅是空间构成的静态有机整体，也是生活构成的动态有机整体。这时，主体的共同生活才具有超越性的意义。这才是居住区共同生活的特性。因此，有序性的实质在于居住区的动态结构，主体行为的有机化。在各种有序性中，空间序列的有序性最重要。主要表现在私密性空间到公共性空间的有序性，目前许多新居住区还不能满足这个条件，不利于居住区群体交流行为的形成。如有些居住区虽然规划了广场、花园、休闲空间，但缺乏亲和性，人气不足，人们往往喜欢蹲在不起眼的角落聊天，或干脆带着小孩到处游逛，也不愿意在一片硬地上数砖头。

这三者实质上是互相依存的，没有区域性，自然谈不到向心性；没有向心性，区域性也无法维持；失去了动力意向的有序性，动态结构自然消失。所以，在居住区规划过程中要注意这三点。

(五) 致力于构建良好居住环境的制度和项目

1. 追求高品质住房与居住区的制度和项目

第一，区域优良商品房制度：应对区域住房情况的同时，促进优良的商品房项目，按照住房规划构想，针对项目的部分商品房，联合住房金融支援机构 (旧住房金融公库) 等项目融资优惠和地方公共团体的利息补助，致力于减轻住房购买者的经济负担。

第二，城镇建设贡献型住房融资制度：为达到住房规划构想中良好的居住环境，与地方公共团体的城镇建设和区域建设工作相互配合，对于优良住房的项目规划，实行溢价贷款措施。

第三，阶段性优良居住区的建设规划制度：城市近郊火车站周边地区内需要完善的优良居住区，充分利用工厂空地、农地等建设住房并进行公共设施建设，有规划且阶段性地促进住房建设以及完善周边地区的设施。

第四，区域住宅规划（HOPE 规划）：设定了特定区域，力求建设模范项目，市区镇村作为规划主体，制定了推进自然、传统、文化、产业等的地区性发展，并规划建设高品质住房。

2. 面向老年人的项目

第一，老年人项目规划：住房规划中加入面向老年人的住房政策是必需的。老龄化住房规划是为了支持老龄家庭在区域社会中自立、安全且舒适地享受家庭生活，根据市镇村区域老龄化住房规划，联合住房政策和福利政策，共同推进老年人生活特性的保障性模范项目建设。

第二，老年人住房项目推进项目：考虑老年人的生活习惯，提供放心的日常服务，采用适合老年人的房租支付方式，提供特别措施的住宅项目。

第三章 道路工程建设施工

第一节 道路施工的内容与准备

一、城市道路施工分类

城市道路根据项目建设的性质分为新建和改建两类。

新建道路：城市规划或交通规划中明确的新建道路或决策机构筛选出的新建项目，新区、高新技术区、城市拓展区的道路建设属于这一类型，这一类型的道路施工相对简单，施工对周边道路交通影响也相对有限，只是在相交道路部分需要考虑交通阻隔，及施工运输车辆造成的交通拥堵。

改建道路：大规模城市改造中原有道路不能适应发展要求需要改造升级、拓建、绿化美化。改建道路所在路网往往是交通量较大区域，改建道路的实施，不但影响自身路段的交通，还将自身的部分或全部交通负荷转移到周边的路网上，使已经饱和的路网交通压力陡然增大，往往造成整个区域的交通拥挤，改建道路根据建设项目的等级、规模和影响，按其对城市道路的施工占道情况分为完全占道、部分占道和不占道施工三类。

完全占道的施工：集中施工，完全封闭施工道路上的交通。这种情况对道路交通的影响表现为：道路完全断流，车辆需绕道行驶，增加其他道路的交通压力，并可能导致相接道路成为断头路；影响周边建筑物的对外交通，包括车辆出行和行人出行；影响两侧人行道行人的正常通行；需要调整途经的公交线路，给市民的出行带来不便；改变现有的交通设施，对周边的环境产生影响，此种情况对城市的交通影响最大，道路交通组织需要慎重考虑。

部分占用道路施工：施工时分段或分方向地进行。这种情况对道路的影响表现为道路被部分占用，容易形成交通瓶颈，道路通行能力减小，影响周围建筑物的对外交通，包括车辆和行人的出行，影响两侧人行道行人的正常出行，公交停靠设施可能需要迁移，增加市民的出行距离；同样对周边的交通环境会产生较大影响。对地区的交通非常敏感，稍有不慎也会导致地区的交通瘫痪。

基本不占用道路的施工：项目本身的道路红线很宽，断面形式便于改造，越线违章建筑较少，改建以断面改造为主，改造影响范围较小，基本不占用现有道路，此种情况对道路的交通影响相对较小，但出入施工场地的车辆可能会对相邻道路的交通产生一定影响，也给周边建筑物的对外交通带来不便，应根据实际情况合理处理。

二、城市道路施工特点

（一）施工工期紧，任务重

交通是城市的命脉，这就决定了城市道路的建设必须在最短的时间内完成，以尽可能减少施工对社会的影响，并且尽快发挥其预定作用。因此城市道路工程对施工工期的要求十分严格，工期只能提前不能推后，施工单位往往根据总工期倒排进度计划。另外城市道路施工一般都要进行交通封闭，而交通封闭都有明确的期限，到期必须开放交通，所以一旦交通封闭完成就必须立即开工，按期通车，按期开放交通。

（二）动迁量大，施工条件差

城市是居民生活的聚集区，各种建筑物占地面积广，导致部分建筑物处在道路红线范围内，需要进行拆迁。城市道路施工常常影响施工路段的环境和周围的交通，给市民的生活和生产带来不便，同时由于市民出行的干扰，导致施工场地受限，需要频繁的交通转换，增加了对道路工程进行进度控制、质量控制、安全管理的难度。

（三）地下管线复杂

城市道路工程建设实施当中，经常遇到电力、通信、燃气、热力、给排水的管道线网位置不明，产权单位提供的管位图与实际埋设位置出入较大的情况，若盲目施工极有可能挖断管线，造成重大的经济损失和严重的社会影响，增加额外的投资费用。

(四) 管线迁改程序复杂，管线类型多，施工单位多，施工协调难度大

城市道路施工中往往涉及大量正在运营的既有线路的迁改和新建，由于这些管线分属不同的产权单位，不同专业施工门类，需要不同施工资质的施工单位，根据施工进展情况安排进出场，由此带来施工协调难度很大的情况，需要建设单位组织定期召开协调会。

(五) 质量控制难度大

在城市道路的施工中，由于工期紧，往往出现片面追求进度忽视质量管理的情况，另外城市道路路基施工中由于施工断面短小给大型设备的使用带来困难，井周、管线回填、构造物回填等质量薄弱点多，路面施工中人、车流的干扰，客观上都对质量控制造成影响。要多方控制协调，方能保证正常施工。

(六) 车辆行人的干扰大，交通组织压力大

在城市道路施工期间，施工区域会占据部分行车线路，为了尽量减小城市道路施工对交通的影响，城市道路施工往往采取分段施工、分车道和分时段施工等诸多方法来尽量降低对交通的影响，但是由于上下班高峰期车流量特别大，施工路段的道路不能满足顺畅通车要求，容易造成拥堵现象。施工车辆与社会车辆、行人的交织也给交通及施工安全带来极大隐患，如何组织好交通，在城市道路建设中尤为重要。

(七) 环保要求提高

城市道路施工期间，原材料的运输和装卸、施工机械作业等环节会造成周围道路的污染，会产生扬尘、噪声、污水、垃圾等对环境有不利影响的因素，随着人们环境保护意识的提高，这些不利因素都必须在施工中尽量消除和避免，尽力为人们维持一个安静祥和的生活环境是城市道路施工的新任务。

(八) 景观绿化生态要求提高

城市道路是城市景观的视觉走廊，同时也是城市文化、品质和风貌的展示窗口，也应该是人们了解、感受和体验城市绝佳的界面，随着打造"宜居城市环境友好"城市理念的提出，城市道路不再是传统意义上的人车出行通道，也赋予美化城市、净化城市、亮化城市的职能。

三、城市道路施工内容

城市道路的主要施工内容有管线施工、软基或特殊路段地基处理、路基施工、路面施工、路缘石施工、人行道施工、绿化。

管线施工是将各类管线预埋至地下，以充分利用城市道路的地下空间。管线的位置一般处在车道分隔带下方、非机动车道下方和道路两侧绿化带下方，这样既方便施工，又方便管线的维修。管线的种类不同，使得各类管线的施工工艺、工序不尽相同。

软基或特殊路段地基处理是指如果地基不够坚固，为防止地基下沉拉裂造成路面破坏、沉降等事故，需要对软地基进行处理，使其沉降变得足够坚固，提高软地基的固结度和稳定性。目前主要的处理方法有：换填、抛石填筑、盲沟、排水砂垫层、石灰浅坑法等。

路基施工主要是通过土石方作业，修筑满足性能设计要求的路基结构物，并为路面结构层施工提供平台。路基的施工工艺较简单，但工程量较大、涉及面广，比如土方调配、管线配合施工等。

路面施工包括垫层施工、基层施工和面层施工。路面施工要求严格：必须使路面具有足够的强度，抵抗车辆对路面的破坏或产生过大的形变；具有较高的稳定性，使路面强度在使用期内不致因水文、温度等自然因素的影响而产生幅度过大的变化；具有一定的平整度，以减小车轮对路面的冲击力，保证车辆安全舒适地行驶；具有适当的抗滑能力，避免车辆在路面上行驶、起动和制动时发生滑溜危险；行车时不致产生过大的扬尘现象，以减少路面和车辆机件的损坏，减少环境污染。

路缘石是设置在路面与其他构造物之间的标石。起到分割机动车道、非机动车道与人行道，并引导行车视线的作用。

人行道是城市道路中供行人行走的通道，人行道一般高于机动车、非机动车车道，人行道中必须按要求设置盲道，并与相邻构造物接顺。

城市道路绿化是指在道路两旁及分隔带内栽植树木、花草以及护路林等以达到隔绝噪声、净化空气、美化环境的目的。道路绿化起到改善城市生态环境和丰富城市景观的作用，但需避免绿化影响交通安全。

另外城市道路施工还包括公交站台、交通信号指挥系统、交通工程（指示牌、交通标线上照明及亮化的工程的施工。

四、城市道路施工基本要求

路基施工要求有足够的强度，变形不超过允许值，整体稳定性好，具有足够的水稳定性。

路面施工必须满足设计要求的承载力，平整度良好，具有较高的温度稳定性，抗滑指标、透水指标符合规范要求，尽量降低行车噪声。

桥头施工及管线铺设完成后需进行回填压实，压实过程需严格按照规范要求进行，确保桥头不跳车、管线部位路基无沉降。位于行车道内的管井口，需进行井周加固，防止井口下沉，施工中要严格控制井口高程，使得管井口与路面平顺无跳车。管线、管廊在施工完成后应清理干净，雨水管出口应明确，并与既有水系沟通。

道路景观要充分利用道路沿线原有的地形地貌，因地制宜地进行绿化布局，在满足交通需要的前提下，突出自然与人文结合、景观与生态结合，形成城市独有的绿化景观文化。

路缘石施工要求缘石的质量符合设计要求，安砌稳固，顶面平整，缝宽密实，线条直顺，曲线圆滑美观；槽底基础和后背填料必须夯打密实；无杂物污染、排水口整齐、通畅、无阻水现象。

人行道施工要求铺砌稳固，表面平整，缝线直顺，灌浆饱满，无翘动、翘角、反坡、积水、空鼓等现象。盲道铺砌中砂浆应饱满，且表面平整、稳定、缝隙均匀。与检查井等构筑物相接时，应平整、美观，不得反坡。不得用在料石下填塞砂浆或支垫方法找平。在铺装完成并检查合格后，应及时灌缝。铺砌完成后，必须封闭交通，并应湿润养护，当水泥砂浆达到设计强度后，方可开放交通。行进盲道砌块与提示盲道砌块不得混用。盲道必须避开树池、检查井、杆线等障碍物。路口处盲道应铺设为无障碍形式。

五、城市道路施工开工准备

(一) 建设单位为施工所做的准备工作

1. 在完成道路项目的初步设计后，应及时委托规划部门实施管线的综合规划和设计

(1) 根据城市建设的总体规划确定需要预埋的管线。

(2) 与各管线单位沟通，结合工程所在区域的现状确定与道路匹配的管线走向。

(3) 结合施工图设计的要求明确与道路性质相符的管线位置及标高等。

2. 组织召开各管线单位参加的专题协调会

在管线综合规划完成后，建设单位的工程负责部门要做细致的准备工作，并及时组织召开由各管线单位分管负责人及相关人员、管线设计代表参加的专题协调会，其目的是通报项目情况、提供相关资料、明确任务。

(1) 介绍项目规划、投资、设计、征拆情况，重点介绍项目计划开工时间、工程施工计划、竣工通车时间。

(2) 提供立项的纸质文件、管线综合设计的电子版给各管线单位。

(3) 对于已实施管廊同沟同井的单位，会议应确定牵头单位，以便统一、高效管理。

(4) 根据道路施工的开工和竣工时间及项目施工总体计划，确定各管线单位完成管线设计、施工招投标，及施工单位初步的进场时间。

(5) 明确沟通机制，及时汇总参会人员的通信方式并及时分发。

(6) 会后应尽快形成会议纪要，并将会议纪要及时传发各参会单位，同时报送各管线单位主管部门，寻求各主管部门的大力支持。

3. 根据施工单位的申报及时组织交通组织方案的审查

凡是涉及影响既有道路通车的施工，必须编制交通组织方案并经公安交通主管部门审查通过，方可根据交通组织方案实施封闭、分流、限流的措施。

(1) 帮助施工单位完成交通组织方案的编制，并进行初步审查。

（2）敦促施工单位及时将交通组织方案上报公安交通主管部门。

（3）组织由公安交通主管部门、设计、监理、施工单位参加的方案审查会。

（4）根据会议要求，施工单位修改完善方案并根据方案要求及时完成指路标志、标识等的施工。

（5）组织公安交通主管部门根据方案要求对各项交通组织设施进行验收，通过后办理相关手续（登报通告等），正式开工。

（6）提醒施工单位，将通告的组织方案归档。

4.适时召开交警、照明、公交部门的专题协调会，协调好城市道路配套设施的管线预埋

考虑到节省政府投资以及公交站台的亮化和信号指挥系统的同步实施，使得它们的通信管及供电管实现同沟，召开这样的协调会是必要的。会议将根据交警、公交部门各自的要求和规范，将预埋管的数量、种类和线路走向等放进照明系统的设计中，并由负责照明的施工单位统一负责预埋。

5.其他工作内容

定期组织有各管线产权单位及其施工单位、道路设计单位、道路监理单位、道路施工单位参加的管线施工协调会。各参建单位应在道路施工单位的统一组织安排下按序展开施工，但建设单位不能因此而不参与协调。事实上，在施工过程中还是会有许多矛盾，有些问题必须有建设方参与才能解决。

加强与道桥施工项目经理的沟通。一个合格的参与城市道路建设的项目经理必须有更强的大局意识，更加细致、踏实的工作作风和顽强的意志品质。一条城市道路能保质保量、完美地按时通车将意味着工完料清，没有返工现象发生。而要达到这个境界，建设方需做的工作将贯穿工程的全过程。

（二）施工单位为施工所做的准备工作

1.道路沿线障碍物排查

施工单位进场以后首先要组织人员对照施工图纸，对施工区内的地下管线、地上杆线和影响施工的未拆迁建筑物进行排查。

地下既有管线包括雨水管、污水管、自来水管、燃气管、热力管、光

缆、地埋电缆等。施工单位要及时和管线所属产权单位沟通，咨询管线有关单位，查看原有管线竣工图纸。由于竣工图纸与现场实际埋设的管线位置会有较大出入，所以应结合原有图纸和露出地面管井位置，在现场根据实际情况进一步垂直线路方向挖探测坑，沿线路方向挖探测沟，并在管线图纸上进行详细标注，特别是原有管线横穿施工路线的位置必须认真查明。

地上杆线包括电力、通信等，施工单位应查明线路的性质，如电力线的电压等级及杆路编号、通信线的光缆芯数等，并在图上标注清楚，通知相关单位开协调会，确定迁移废除方案。随着城市道路建设标准的不断提高，为使建成道路景观协调、美观，现在一般都会要求电力、通信杆线由架空改为地埋，对于在施工期间要保持运营的电力、通信线路改地埋，要通过杆线的二次迁移（先完成一次外迁，待电力管、通信管做通后再二次回迁）或调整施工顺序的方法来解决。

2. 障碍物清理处理措施

所有障碍物调查清楚后在业主的统一安排下及时和产权单位沟通，分成两类：一类为废弃迁建、重建的；另一类为不废弃照常使用的。对于废弃迁建的障碍物应通知产权单位按照施工工期的要求排定停用计划。对不废弃的管线应在每次开挖前组织施工人员进行施工交底，明确管位及开挖注意事项，开挖时应通知管线所属单位进行监护，防止误挖。对于燃气、热力、自来水等有安全风险的管线开挖，应编制抢修应急预案，制定安全应急预案。对管线薄弱位置或开挖比较频繁的部位要根据现场情况对原有管线进行防护、加固。在项目部应设置值班抢修电话，明确联系人，方便在发生管线损坏时及时抢修。

3. 交通组织方案编制

城市道路的施工都会对原有车辆及行人的出行产生影响，新建道路仅在与原有道路的交叉口产生影响，改建道路因为施工类型的不同产生的影响程度有大有小，但科学合理的交通组织方案对减少施工对车辆、行人出行的影响，保障施工车辆的出入安全尤为重要，施工单位应根据现场道路施工情况及通行道路交叉情况编制临时交通组织方案，报交警部门审批。

编制原则：①社会车辆通行：尽量安排绕行，提前一个月在市政主要媒体发公告告知市民，在主要路口提前设置绕行告示，设置绕行标志。②公交线路：尽量调整公交线路和站点设置，确实无法避让的要在施工现场设临时便道，或安排半幅通车半幅施工。③沿线居民聚集区（居民小区）：提前通告，并在小区附近设置施工告示牌，设置必要通道（人车混行）沟通小区与主要道路，并在沿线设置减速标志。④沿线厂矿企业：因出入货车或超长车辆多，根据具体需要设置社会便道，应考虑车辆转弯、超限需要。

4. 施工围挡及防护设施

施工区及道路交叉口应设置施工围挡，隔断施工区和人车联系，保障行人和社会车辆安全。临近人车通行道路的基坑开挖应设置防护围栏，深基坑要采取牢固的基坑防护措施，防止可能的基坑塌陷影响人车安全。

5. 防止环境污染的措施

建立环境保护管理制度及考评制度外，应在施工车辆的出入口应设置临时洗车点防止车胎带泥污染路面，运土车辆不应装载太满或加装围挡板防止抛洒滴漏，施工便道、施工现场每天安排不定期的洒水尽量减少扬尘，高噪声的工作避免安排在夜间施工，施工产生的建筑垃圾应运到政府指定的弃土场，严禁乱堆、乱倒，废水及生活污水应引流到污水管道。

6. 项目部建设

（1）新建项目的设置原则

新建道路施工组织及施工管理相对简单，项目部建设可以按照文明施工的要求临时征地搭建项目部。为方便管理，一般选择将项目部设置在标段中点，最好是临近既有道路以方便出行。沿道路两侧红线外临时征地搭设施工队临时营地，用于现场施工工人生活及施工机械停放，一般来说临近水源地或既有道路设置属于较理想的设置。

（2）改建项目的设置原则

旧城区的规划道路及老路改造项目，施工组织和施工管理相对复杂，在老城区一般很难找到现成的空地用于搭建项目部，一般在道路沿线寻找租用废弃的村镇办公地、工厂办公区、停业的小酒店、空置门面房等，但不到万不得已尽量不在居民聚集区内设置项目办公区，减少对居民生活的干扰。现场施工工人生活及施工机械停放，可因地制宜采用租用民房在征地红线内绿化带位置搭建或设置。

7. 项目临建设置

城市道路工程的临时设施建设大部分不需要设置在现场，砼可以采用商品砼，水泥稳定碎石、二灰碎石、沥青料均应采取厂拌方式运抵现场施工。旧城区的规划道路及老路改造项目的石灰消解场建议不放在现场，避免对城市环境造成危害。建议采取将石灰消解场设置在取土场附近，消解好的石灰按照掺灰量的 70%～80% 先行掺好，运抵现场后翻拌时补掺到设计用量，以加快施工进度减小对城市环境的影响。

第二节　道路排水管线的施工

一、城市道路管线施工内容

城市道路管线施工包括雨污水管施工、电力管施工、给水管施工、燃(煤)气管施工、热力管施工、通信管施工、综合管廊施工。

二、城市道路管线分类

根据各个地区特点或习惯分成三类：

(一) 常规管线施工

雨污水管、电力管廊的施工属于常规管廊，对施工队伍的资质没有特殊要求，一般由路基施工单位负责实施。

(二) 非常规管线施工

给水管施工、燃(煤)气管施工、热力管施工、通信管施工，属于有特殊要求的管线施工，一般各产权单位会安排专业的施工队伍组织施工，路基施工单位仅需要做好配合工作。

(三) 综合管廊施工

近些年来在国内新建城市道路的施工中，有部分城市尝试采用综合管廊，即将所有管线同时放在一条管廊内，方便通车运营后管线的增加、维修、更换。

三、管线施工原则

(一) 管线施工控制要点

1. 做好规划设计工作

管线施工应做好前期规划，预留好接口井，避免道路施工完成后的重复开挖。

2. 把好管材进场关

管线施工使用的管材必须是经检验合格的材料，并按照相关要求做防腐、防漏处理。

3. 保证管线基础稳固

要确保管线在运营阶段不出现下沉，或因地基不均匀沉降导致接头破裂，必须做好管线基础的施工质量控制，当管线通过地基承载力较低的软土地段时，应按照设计要求做好地基的加固。

4. 做好管线接头施工的质量控制

管线的各类接头必须按照有关规范的要求认真施工，并做好相应的检查、检验、探伤，保证接头质量。

5. 做好管井的施工控制

管井的井口露出地面，管线设计时应尽量避免管井设置在机动车道、非机动车道上，但设置于机动车道、非机动车道上的管井其地基必须满足承载力要求，管井的砌筑质量应严格控制，在井口部位还应设置卸荷板，防止车辆集中荷载导致管井下沉，影响行车。

6. 做好管线回填

管线的回填应对称填筑，并达到规范要求的压实度，防止因回填土沉降导致路面破坏。

(二) 管线施工顺序

管线施工应按照以下原则：

（1）先深后浅，先主管后支管，自下而上依次施工。

（2）先建后拆，不间断使用。

（3）采取有力措施，保护既有的管线，做好新旧管线衔接工作。

四、管线施工

（一）雨污水管施工概述

1.雨污水管施工方法

城市道路雨污水管施工的主要方法有明挖施工和顶管施工两种，一般出于施工成本考虑尽量采用明挖法施工。但在遇到如下情况时采用顶管施工：

（1）街道狭窄，两侧建筑物多。

（2）在交通量大的市区街道施工，管道既不能改线又不能断绝交通。

（3）现场条件复杂，与地面工程交叉作业，相互干扰易发生危险。

（4）管道覆土较深，开槽土方量大，并需要支撑。

（5）管道穿越原有道路、河流。

2.雨污水管明挖法施工

（1）沟槽开挖

沟槽开挖前工作：开槽前要认真调查了解地上地下障碍物，以便开槽时采取妥善的加固保护措施，根据业主方提供的现况地下管线图和项目部的现场调查，统计出现况地下管线情况，采取有效措施加以保护。

开挖方法：①土方开挖采用机械开挖，槽底预留 20 cm 由人工清底。开挖过程中严禁超挖，以防扰动地基。对于有地下障碍物（现况管缆）的地段由人工开挖，严禁破坏。②沟槽开挖尽量按先深后浅顺序进行，以利于排水。③挖槽土方处置，按现场暂存、场外暂存、外弃相结合的原则进行。开槽土方凡适宜回填的土均暂存于现场用于沟槽回填，但不得覆盖测量等标注。回填土施工前制订合理土方调配计划，做好土方平衡、少土方外运及现场土方调运。④开槽后要对地基做钎探，按地勘要求执行，遇局部地基问题，如墓穴、枯井、废弃构筑物等应及时通知设计并会同有关人员现场共同协商处理意见，不得擅自处理。⑤开槽后及时约请各有关人员验槽，槽底合格后方可进行下道工序。如遇槽底土基不符合设计要求，及时与设计、监理单位及地勘部门联系，共同研究基底处理措施，方可进行下道工序。

（2）沟槽支护

当土质不好，开挖深度较深时，为确保施工安全必须进行沟槽支护。

支撑的作用及应用范围：支撑的作用是在沟槽挖土期间挡土、挡水，保证沟槽开挖和基础结构施工能安全顺利进行，并在基础施工期间不对邻近的建筑物、道路地下管线产生危害。设置支撑的直沟槽，可以减少土方开挖量，缩小施工面积，减少拆迁量；在有地下水的沟槽里设置板桩支撑可以起到一定的阻水作用。

支撑的分类：按结构形式分，支撑主要有横撑、竖撑、板桩、横板桩撑、坡脚挡土墙支撑、地下连续墙等。按使用的材料分，支撑主要有木板支撑、工字钢柱木撑板、钢板桩。

支撑作业：

①支撑的施工质量：

支撑后，沟槽中心线到两侧的净宽不小于施工设计的规定，并留够施工空间。

横向支撑不得妨碍下管作业。

支撑的设计必须经过受力验算，设置应牢固可靠；钢板桩支撑的水平位移不得大于 5 cm，垂直度不大于 0.5%。

②支撑安装和拆除的注意事项：

撑板支撑应随挖随撑，雨期施工不得空槽过夜。

沟壁铲除平整，撑板均匀地紧贴沟壁，当有空隙时，应用土填实，横排撑板应水平，立排撑板应顺直，密排撑板的对接应严密。

撑板支撑的横梁、纵梁和横撑的布置、安装应符合相关规定。

采用横排撑板支撑，当遇到地下钢管或铸铁管道横穿沟槽时，管道下面的撑板上缘应紧贴管道安装；管道上面的撑板下缘距离管道顶面小于 10 cm。

支撑应派专人定期检查，当发现支撑构件有弯曲、松动、移位或劈裂的迹象时，应及时处理。

上下沟槽应设置安全梯，不得攀登支撑。

撑托翻土板的横撑必须坚固，翻土板铺设应平整，其与横撑的连接必须牢固。

在软土和其他不稳定土层中采用撑板支撑时，开始支撑的沟槽开挖深度不得超过 1 m。

拆除支撑线，应对沟槽两侧的建筑物、构造物和槽壁进行安全检查，并制定拆除支撑的实施细则和安全措施。

拆除撑板支撑时应符合下列规定：支撑的拆除应与回填土的填筑高度配合进行，且拆除后应及时回填；采用排水沟的沟槽，应以相邻排水井的分水岭向两端延伸拆除；多层支撑的沟槽，应待下层回填完成后拆除上层槽的支撑；拆除单层密排撑板支撑时，应先回填至下层横撑底面，再拆除下层横撑，待回填至半槽以上，再拆除上层横撑，当一次拆除有危险时，宜采取替换拆撑法拆除支撑。

（3）沟槽排水及降水

沟槽排水：在地下水位较高的地区，应做好沟槽的排水工作，防止槽壁长期浸泡在水中导致坍方，威胁施工人员的安全。沟槽开挖到位后，应人工修筑排水明沟，每隔 30~50 m 设置一个集水井，用水泵清除集水，特别是在雨天应及时清除沟槽内积水。

井点降水：在地下水位高、土质不好的地区如粉土、粉质黏土、砂性土，直接开挖沟槽壁极易产生塌陷，在沟槽开挖前必须进行深井井点降水。

（二）雨污水管主要施工方法

1. 预制钢筋混凝土承插管、柔性接口、砂石基础结构

（1）管基施工

采用天然地基时，地基不得受扰动。当槽底局部遇有不良地质时，应与设计单位商定处理措施。槽底为岩石或坚硬地基时，应按设计规定施工，设计无规定时，管身下方应铺设砂垫层。基底轴线、基底标高应符合测量标准规定。

①验槽合格后，及时进行管基施工。

②槽底管基采用天然级配砂石换填，管道两侧三角区回填粗砂。

③平基采用振动夯进行夯实，密实度达到设计及规范要求，且保证其厚度和高程符合图纸要求。

④管道承插口部位，应保持平基砂石垫层的厚度。

（2）下管

①下管前进行外观检查，发现管节存在裂缝、破损等缺陷，及时修补并经有关部门认定合格后方可下入槽内。

②下管采用吊车，并用钢丝绳吊装。吊装时对管口进行保护，以免破坏管口。

（3）稳管、接口

①管道下槽后，为防止滚管，在管两侧适当加两组4个楔形混凝土垫块。管道安装时将管道的中心、高程逐节调整，安装后的管道进行复测，确保管道纵断面高程及平面位置准确。每节管就位后，进行固定，以防止管子发生移位。

②在管道安装前，在接口处挖设工作坑，承口前大于60 cm，承口后超过斜面长，左右大于管径，深度大于20 cm。

③承插口工作面清扫干净，承口内及胶圈应均匀涂抹非油质润滑剂，套在插口上的密封胶圈平顺、无扭曲。两节承插口管对装后管体回弹不得大于10 mm。

④对口小管径（D400～D800）采用龙门架，D800以上的大管径宜用汽车吊；对口时在已安装稳固的管子上拴住钢丝绳，在待拉入管子承口处架上后备横梁，用钢丝绳和吊链连好绷紧对正，两侧同步拉吊链，将已套好胶圈的插口经撞口后拉入承口中。注意随时校正胶圈位置和状况。

⑤稳管时，先进入管内检查对口，减少错口现象。管内底高程偏差在±10 mm内，中心偏差不超过10 mm，相邻管内底错口不大于3 mm。

⑥锁管：辅管后为防止前几节管子的管口移动，可用钢丝绳和吊链锁在后面的管子上。

⑦管道安装后进行两侧管基的回填。回填时管道两侧同时进行，每次厚度不大于200 mm，以保证管道不发生位移和管基的密实。

2. 预制钢筋混凝土平口（企口）管、水泥砂浆抹带接口，混凝土平基结构

（1）管基施工

平基采用预拌混凝土，浇筑时必须严格控制顶面高程（高程宜为负值），宽度符合设计要求。

（2）安管

当平基混凝土强度达到 5 MPa 后方可下管。采用人工配合吊车下管，管道高程、中心进行精确定位测设。

（3）管座混凝土浇筑

安管合格后，浇筑管座混凝土。管座混凝土支模前按不同类型施放支模宽度和高度。模板纵向连接要严密，防止漏浆，横向支撑要稳固。浇筑前，平基应凿毛或刷毛，并冲洗干净；管座三角区的混凝土不得离析、过干，且骨料不得过大；振捣时要认真仔细，管道两侧平行振捣防止漏振和管道移位。

（4）钢丝网水泥砂浆抹带

在浇筑管座混凝土时将钢丝网插入混凝土中不小于 100 mm。抹带前，管周管带位置凿毛，清扫干净并刷水泥浆一道，铺垫砂浆后拧紧钢丝网，并使钢丝网与砂浆结合密实，分层用水泥砂浆抹带，砂浆初凝后压实，并覆盖草帘养护防止高温干裂或低温冻坏。

（三）管井施工

管井的设计通常有三种形式：砖砌管井、钢筋混凝土现浇管井、预制钢筋砼管井。

1. 砖砌管井

（1）砖砌前，将砖砌部位清理干净，洒水湿润。对凿毛处理的部位刷素水泥浆。

（2）不同形式的井室，墙体尺寸控制及排砖方法均不同，具体方法如下：

①井室为矩形时，在墙体的转角处立皮数杆，以控制墙体垂直度和高度。砌筑前先盘角，然后挂线砌墙。采用满丁满条砌筑方法，砖墙转角处，每皮砖需加七分头砖。

②井室为圆形时，以圆心为控制中心挂线，随砌随检查井室尺寸。采用丁砖砌法，两面排砖，外侧大灰缝用"二分枣"砌筑。砌完一层后，再铺浆砌筑上一层砖，上下两层砖间竖向缝错开。

（3）砖砌采用"三一"法砌筑，即一铲灰、一块砖、一挤揉。若采用铺浆法砌筑时，铺浆长度不超过 500 mm。

（4）砖砌体水平灰缝砂浆饱满度不得低于90%，竖向灰缝采用挤浆或加浆法，使其砂浆饱满。严禁用水冲浆灌缝。

（5）砌筑时，要上下错缝，相互搭接，水平灰缝和竖向灰缝控制在8~12 mm。

（6）拱券砌筑及支管安装：

①检查井接入管线时，管顶砌筑砖券加固，当管径大于1000 mm时，拱券高度为250 mm；当管径小于1000 mm时，拱券高度为125 mm。

②预留支管随砌随安，管口深入井壁30 mm，预留管的管径、方向、标高均符合设计要求，管与井壁连接处须严密不漏水。用截断的短管安装预留管时，其断管破茬不得朝向井内。

（7）流槽与井室同时进行砌筑，雨水检查井流槽高度为到顶平接的支管的管中部位。污水检查井流槽高度为干线管顶高。

（8）井室中踏步的安装和脚窝的设置按标准图集随井室墙体砌筑随安装留设，位置准确，随时用尺测量其间距，在砌砖时用砂浆埋设牢固，不得事后凿洞补装，砂浆未凝固前不得踩踏。

（9）钢筋混凝土盖板及预制井筒安装采用汽车吊吊装就位，安装前按设计要求进行坐浆。

（10）抹面：

①雨水检查井：井室内墙面由下游管底至管顶以上300 mm，均用1:2.5水泥砂浆抹面，厚20 mm，至地下水位以上500 mm。

②污水检查井：井室内墙面由下游管底至井室顶以下全部使用1:2.5水泥砂浆抹面，厚20 mm，其余用1:2水泥砂浆勾缝；若位于地下水位以下，外墙用1:3水泥砂浆抹面，厚20 mm，至地下水位以上500 mm。

③抹面前先用水湿润砖墙面，采用三遍法抹面，第一遍1:2.5水泥砂浆打底，厚10 mm，必须压入砖缝，与墙面粘贴牢固，第二遍抹厚5 mm找平，第三遍抹厚5 mm铺顺压光，抹面要一气呵成，表面不得漏砂浆。抹面完成后，进行覆盖养护。

（11）勾缝：

①勾缝前检查墙体灰缝深度，有无瞎缝。清除墙面杂物，洒水湿润。

②勾缝要求深浅一致，交接处平整，一般比墙面深3~4 mm。

③勾完一段清扫一段，灰缝不得有舌头灰、毛刺。

2. 现浇钢筋混凝土管井

（1）钢筋混凝土管井垫层采用 C10 混凝土，结构混凝土为 C25。钢筋混凝土管井沟槽采取明挖的方式进行施工，根据土质及开挖深度确定放坡坡度。沟槽槽底高程及地基验收合格后，方可进行垫层施工。垫层混凝土要求表面平整、直顺、中线和高程符合设计及规范要求。

（2）钢筋混凝土管井混凝土采用两步浇注的方法进行施工，故钢筋安装和模板工程也分两次完成。钢筋按照施工图、规范要求加工成型。采用在钢筋上绑扎塑料垫块来保证钢筋保护层的厚度，垫块梅花状布置，间距为 70 cm。钢筋绑扎过程中注意下一步施工的预埋筋位置，应牢固稳定。钢筋绑扎完毕后，按规范及设计要求，进行钢筋自检，再报监理工程师验收，验收合格后支立模板。模板缝间用海绵胶条填塞，并拼装紧密，表面平整。为防止烂根，模板底部与垫层混凝土接触处也用多层海绵胶条填塞。

（3）管井使用溜槽浇筑混凝土，并由人工配合。浇筑混凝土前，必须对支架、模板、钢筋进行检查，模板内的杂物、积水和钢筋上的污垢清理干净，模板如有缝隙，应填塞严密，模板内应涂刷脱模剂。混凝土浇筑要连续，混凝土按一定厚度、顺序和方向自下而上水平地分层浇筑，每层厚度不超过 30 cm，在下层混凝土初凝前，浇完上层混凝土。混凝土初凝之后，模板不得振动，伸出的预留钢筋不得承受外力。

（4）混凝土浇筑完成后，立即对混凝土进行养生。混凝土养生要由专人负责，经常洒水，保持混凝土表面湿润，必要时对混凝土的表面用塑料膜覆盖。养生期不得少于 7 d。

3. 预制钢筋混凝土管井

（1）雨、污水管井井筒采用预制井筒，踏步为塑钢材质。检查井预制井筒安装应根据设计图纸规定的井位桩号、井口高程等参数控制施工。

（2）按照设计图纸规定，核对运至现场的检查井预制井筒的类型、编号、数量等。井壁预留的接口应尺寸、位置准确，工作面光滑平整，且应标示吊装轴线标记。预制井筒应在检查井验收合格后，进行安装。安装前，清除企口上的灰尘和杂物，企口部位湿润后，用 1∶2 的水泥砂浆坐浆，约厚 10 mm，吊装时应使踏步的位置符合设计规定。检查井预制构件全部就位后，用 1∶2 的水泥砂浆对所有接缝里外勾平缝。

五、管线土方回填

(一) 一般控制措施

各管线回填工作开始前，提前向驻地监理工程师申报管道回填土专项部位工程开工申请，阐明施工方案、技术措施及回填质保体系，获批准后方可进行施工。

管线回填必须符合施工技术规范要求，按规定频率进行回填土的轻、重型击实试验，求得该填料的最佳含水量、最大干密度，沟槽内不得有积水、淤泥，所用填料禁止有砖头、混凝土块、树根、垃圾和腐殖土。

回填必须分层夯实或碾压，沟槽窄小的应扩建回填，以保证足够的工作宽度。当采用蛙式夯时，虚土厚度小于 20 cm；当采用压路机时，虚铺厚度不超过 30 cm，碾压的重叠宽度不小于 20 cm，在工作面具备且不损及管道的前提下，尽早使用压路机及时进行填土碾压。在所回填段落，立标牌标明施工负责人，质控验收人员和现场监理员的姓名，每层回填完毕，自检合格后，层层报监理抽检验收，合格后，方可进行下层回填。凡是监理抽检不合格的，要返工或补压，直至达到合格标准。

管道回填必须保证管道本身的安全，管道两侧管顶上 50 cm 范围内要用蛙式夯夯实，回填管道两侧同步进行，高差不超过 30 cm，不得使管道位移或损伤，分段回填时，相邻段的接茬形成台阶，每层台阶宽度不小于厚度的两倍，当合槽施工中，有双排、多排管道，其基底位于同一高程，先回填基础低的沟槽，待回填到高基础底面后，再按照要求进行回填。

(二) 主路路基范围内的回填控制措施

1. 单槽回填

（1）管顶至路床标高小于 60 cm，如管径小于 60 cm 的城市管线可采用 C10 混凝土 360 度包封 10 cm，其上采用二灰砂砾掺 5% 水泥回填至路床标高，如管径大于 60 cm，采用 9% 灰土回填至路床标高，最后一层回填宽度每侧大于槽宽 50 cm。

（2）管顶至路床标高大于 60 cm 而不大于 150 cm，管顶上 60 cm 以下范围全部采用 9% 灰土全断面回填，在管顶上 60～80 cm 再铺一层 9% 灰土，80 cm 以上，沟槽两侧每 1～2 层开挖 50×30 cm 台阶，用（6～8 t）压路机静碾压素土或 9% 灰土填至路床标高，必须达到规定密实度。

（3）管顶至路床标高大于 150 cm 的，管顶 60 cm 范围以下全部采用 9% 灰土全断面回填，60 cm 以两侧分层 50 cm×30 cm 开台阶用压路机碾压素土，回填至路床标高。

（4）主路路基范围内，新建管线与现状管线交叉，且垂直距离较小的，采用 C10 混凝土或 75# 水泥砂浆砌砖墩，在垂直方向包封至管子中线，水平方向两侧包封 50 cm，其他要求同上。

2. 管线合槽施工回填

两条管线处在同一标高，且间距较小，不能使用机械夯实的，采用 C10 混凝土或粗砂回填，其他要求同上。

（三）辅路路基范围内管线回填措施

1. 单槽回填

单槽回填全部采用素土，槽壁开台阶分层回填，但在管顶上 60～80 cm 作一层 40 cm 厚 9% 灰土结构。

2. 两层管线有高差

上面管线管基以下至下面基槽底单侧采用 9% 灰土回填（如设计有特殊要求，按设计要求加固），其余全部采用素土开台阶分层回填，但在最上层管顶 60～100 cm，做一层 40 cm 厚的 9% 灰土结构。

3. 两条管线处在同一标高

两层管线处于同一标高且间距较小，不能使用机械夯实的，采用 CIO 混凝土回填（同主路合槽回填）或粗砂。

（四）主辅路路面范围内检查井周围的回填

（1）检查井周围 10 cm 范围内，路面结构层以内采用二灰砂砾掺 5% 水泥回填。路面结构层以下至槽底采用 9% 石灰土，与回填层同步施工。

（2）如拟建管线有顶管施工时顶坑全部采用 9% 灰土，或天然砂砾填夯至路床。

（3）在路堑沿线回填顶坑时应注意，从地面往下 6 cm 范围内应回填石灰粉煤灰砂砾。

（4）采用工字钢基木板支护的顶坑，坑内四周必须采用压浆处理，压浆采用 1：1：1.5（水泥：粉煤灰：中砂）水泥砂浆。

（五）主辅路范围内雨水支管和雨水口的回填

雨水支管采用二灰掺水泥或全部采用 C10 混凝土回填，高度与二灰顶面相平。雨水口周围采用 C10 混凝土回填。

（六）回填质控工作重点

（1）在基槽清理完毕后，及时报监理验收，且必须在监理签字隐蔽工程质检单后方可进行回填施工。

（2）管线回填前将回填方案上报监理，经驻地监理工程师批准后方可施工。灰土拌和优先采用机械拌和，当条件不具备时采用人工在槽内拌和，当为人工拌和时，先在槽内虚铺合格的回填用土，根据土的方量计算出用灰量，并考虑适当的保证系数，将合理灰量的灰，均匀铺在虚土上，人工反复拌和直至灰土掺拌均匀一致。施工时满足有关环保要求。

（3）用灰土回填沟槽，除按要求进行压实度、宽度和厚度检查外，要做含灰量的检查。槽壁开挖的台阶宽度不小于每层厚度的 2 倍，且此灰土及其以上各层回填必须用压路机碾压成型，并达到合格标准。

（4）管道基槽回填施工现场必须配置质控试验员检查，及时检验试验并及时将试验单层层报监理工程师检查抽检，未经抽检合格，不得进行下层回填。

第三节　道路路基与路面施工

一、城市道路路基施工

(一) 一般路基施工

1. 清表

(1) 确定清表范围及清表过程中注意事项

根据施工图纸由测量队准确测量线路中桩及路基坡脚线位置、标高，并用白灰明显标记清楚。利用推土机、挖掘机及自卸车配合，对红线范围内的有机土、种植土围墙和垃圾等进行清理。

线路无水段挖除树根后，清表前必须首先修筑临时排水、挡水工程。有水段必须先疏通排干地表积水及做好雨季防排水工作。在多水地段修筑挡水土围堰。高按 1 m 左右控制，完成后再进行挖树根等工作。

(2) 清表后的场地要求

当地面横坡为 0~1：10 时，填土前必须碾压至规定的压实度。当地面横坡为 1：10~1：5 时，填土前挖松再碾压。当地面横坡大于 1：5 时，应自上而下挖台阶，台阶宽度应符合设计要求。零填地段应清表后挖至表面以下 0.8 m 后再回填压实。

(3) 清表土的处理

将路基范围内的树木、灌木丛、杂草等进行砍伐或移植清理，并对清理出来的含有植物根系的地表土和腐殖土集中妥善存放在就近的界桩边界之处，并统一运至弃土场，严禁填埋在路基填筑范围之内以致路基下沉。对于清表土可以堆放在路基主线范围外侧，待用作绿化土。

(4) 填挖交界处的处理

填挖交界处的路基必须清除较松散的岩石以及地表植被有机土，以防路基出现不均匀沉降。

2. 路基主体施工

城市道路路基工程施工主要包括挖方段施工和填方段施工。

(1) 挖方路段路基施工

①测量放线

先恢复定线，放出边线桩，在路基正式开工前，先进行排水系统的布设，防止在施工中路线外的水流入线内，并将线内的水(包括地面积水、雨水、地下渗水)迅速排出路基，保证施工顺利进行。

②土方开挖

路基土方开挖采用机械化施工，土方运距在 500 m 以内，选用挖掘机挖、推土机推，运距在 500 m 以外，使用挖掘机开挖，自卸车运输。

开挖路基按图纸要求自上而下、边挖边修整、严格按设计边坡和坡面形状进行，不能乱挖或超挖，严禁用爆破法施工或掏洞取土。

③施工重点

挖方路基顶面必须修整，以适应路面施工的要求。

路堑较高地段，准确放出坡顶位置，严格按照设计边坡坡度要求开挖边坡，按设计做好边坡防护工程，避免松动坡顶土层和破坏自然植被，保证边坡坡顶稳定。

(2) 填方段路基施工

①路堤施工工艺流程

制定填筑方案及施工准备→测量放线→排水疏干→路堤基地处理→原地面平整碾压或挖台阶→分层填筑→分层压实→路槽开挖→路基整修→坡面防护→下道工序。

②施工准备

A. 用作路基填方的材料按招标文件要求进行试验，并经监理工程师认可。

B. 用作路基填方的材料进行最大干密度试验，并报监理工程师审批。

C. 探明施工范围的管线，为路基的开挖做好准备。

③测量放线

A. 根据已建立的测量控制网进行道路中线的复测和绑定。

B. 复测并固定路线的主要控制桩点、转点、圆曲线和缓和曲线的起讫点，补设竖曲线起、中、讫点，恢复失落的中桩。

C. 复测并固定为间接测量所布设的重要控制点，如三角点、导线点等桩。

D.当路线的重要控制桩点在施工中有被挖掉或掩埋的可能时，要视当地地形条件和地物情况采取有效的方法进行固定。

④路线高程复测

A.中线恢复后，要进行基平和中平测量，以复核原水准基点标高、中桩地面标高。

B.横断面的检查和补测。

C.根据设计图表定出各路线中桩的路基边缘、路堤坡脚及路堑坡顶、边沟等具体位置，以便定出路基轮廓。

D.路基放样时，在填土没有进行压实前，考虑预加沉降度，同时考虑修筑路面的路基标高校正值。

E.路基边桩位置可根据横断面图量得，也可根据填挖高度及边坡度实地测得。

F.为标出边坡位置，在放完边坡桩后，进行边坡放样。

⑤基底处理

A.路基用地范围内树木、灌木丛等均应在施工前砍伐或移植，路基用地范围内的垃圾、有机物残渣及原地面以下 10～40 cm 内的草皮、农作物的根系和表土均予以清除，树根也应全部挖去。

B.填方路基清理深度为：一般路段 40 cm、水田低洼地段 50 cm，当清表深度仍不能满足技术规范要求时，应根据监理工程师指示处理。

C.清表至原状土并达到设计承载力要求的土层后，采用振动压路机碾压密实才可以进行土石的填压。

D.对于山坡路堤，地面横坡不陡于 1：5 时，可直接铺筑；地面横坡陡于 1：5 时，则应在原地面挖成台阶（台阶宽度不小于 1 m），并用小型夯实机加以夯实，然后逐台向上填筑。

E.当路基通过淤泥段时，在路基施工前，应进行排水→清除腐殖土→晾晒→碾压。

F.一般要求原地面处理后压实度达到 90%。

⑥路堤填筑

A.在路堤填筑之前，对填料进行含水量等指标的试验，用透水性不良的材料做填方材料时，应控制其含水量在最佳含水量的2%之内。当土的实际含水量未达到压实试验界限范围之内时，应根据需要均匀加水并充分拌匀，或将土摊平晾干，使达到上述要求后方可进行压实作业。

B.路堤分层填筑的最大松铺厚度不应超过300 mm，填筑宽度每侧超过填层设计宽度500 mm，压实宽度不得小于设计宽度，如遇边坡换土时，必须挖成台阶，分层填铺整实。

C.路基铺筑应根据土质情况和施工气候情况，做成2%～4%的排水横坡，确保在施工过程中能及时将雨水排出路基以外。

D.填方相邻作业段交接处若非同时填筑，则先填地段分层留台阶；若同时填筑，则分层相互交叠衔接，搭头长度不小于2 m。

⑦施工重点

A.准确放出线路位置。

B.做好填料符合性试验。

C.对于填挖交界处按设计要求挖台阶。

D.严格控制填料松铺厚度，做好路基压实度检测。

⑧路基整修

当路基工程陆续完毕，所有排水构造物已经完成且回填后进行路基整修。

按设计图纸要求，检查路基的中线位置、宽度、纵坡、横坡、边坡及相应的标高等，确定土坡准确的平面位置。根据检查结果，编制整修方案及计划，整修工作在检查结果及整修计划经监理工程师批准后进行。

土质路基用人工或机械刮土或补土整修成型。深路堑边坡按设计要求的坡度，自上而下进行刷坡，力求一次性刷坡成型，不得在边坡上以土贴补。在整修需加固坡面时，预留加固位置。当填土不足或边坡受雨水冲刷形成小冲沟，应将原边坡挖成台阶，分层填补，仔细夯实。

填土路基两侧超填的宽度在进行边坡整修刷坡时一次切除，如有边坡缺土时，挖成台阶，人工分层填补夯实。边沟整修挂线进行，用仪器检测达到图纸要求及规范要求。

路基整修完毕后，将堆于路基范围内的废弃料进行清除（可利用的填料用于防护及绿化工程的种植土回填），弃料时注意环境保护，应与周围环境相协调，对路基进行维修养护，直到缺陷责任期满为止。

(二) 特殊路段地基处理

1. 河塘段路基施工

在水网地区，新建城市道路的建设中常常遇见河塘，当淤泥深度较浅时一般采用清淤换填法或结合土工合成材料处治法进行施工。

(1) 清淤换填

对于沿河塘路段的地基处理，排水清淤后，把河塘边坡挖成不小于 1 m 宽、向内倾斜 4% 坡度的台阶，首先在河塘底回填 50 cm 碎石土，碾压平整后作为河塘回填的底板，再以 6% 石灰土回填至路床顶面以下 80 cm (非机动车道 30 cm，可视实际情况而定) 或者原地面，压实度 ≥ 90%。

(2) 土工合成材料处治

主要与换填法相结合，在换填时，利用土工合成材料抗拉抗剪强度好的特点，将换填材料结合成一个整体，均匀支撑路基荷载，减小地基沉降和侧向位移，提高地基的承载力。土工合成材料主要有土工格栅、土工网、土工织物、土工垫、土工复合排水材料等。

2. 软基处理

软地基处理广泛地应用在我国沿海及内地。例如，天津、连云港、上海、杭州、宁波、温州、福州、厦门、湛江、广州等沿海地区，以及昆明、武汉、南京等内地地区。特别是沿海的一些地区，一般施工前都需要进行勘测，遇到地基不够坚固、承载力不够的情况，为防止道路建设完成后地基下沉造成路面开裂损坏的事故，需要对软地基进行处理，使其沉降变得足够坚固，提高软地基的固结度和稳定性至设计的要求。

(1) 换填法

城市道路一般设计的填土高度不高，对原状土承载力的要求不高，遇见软土地基时，如果软土层不深，一般采用挖除换填的方法。在施工过程中若发现实际地质情况与图纸不符或地基承载力压实度满足不了设计要求，应报监理工程师审批后进行软基处理或特殊路基处理，软土地基处理包括挖除换填、回填片石设置垫层，铺设土工织物等一系列施工方法，并应进行路堤沉降观测，采用何种方法处理应按图纸或监理工程师批准的处理方法进行。

（2）软地基处理其他常用工法及其特点

①砂垫层法

施工要求：垫层厚度一般为 0.6～1.0 m，垫层材料宜采用洁净的中砂或粗砂，含泥量不大于 5%，垫层应宽出路基坡脚 0.5～1.0 m，两端以片石护砌或其他方式防护，垫层应分层压实，分层厚度为 15～20 cm。

②抛石挤淤法

施工要求：施工需采用不易风化的石料，粒径大于 30 cm 的石块含量不得超过 20%。投料时应沿路中线向前抛填，再渐向两侧扩展。片石高出软土后，用较小的石块填充垫平，用重型机械反复碾压，再铺砂砾反滤层，随后进行路基填土。

③加固土桩法

施工要求：要求固化剂、外掺剂需通过试验室检验符合设计规定，加固土桩桩径一般为 0.5 m。桩长为 9～12 m。桩距为 0.75～1.5 m。施工前必须进行成桩试验，且不少于 5 根。

④垫隔土工布法

施工要求：此方法要求土工合成材料的幅宽、质量、厚度、抗拉强度、顶破强度和渗透系数满足设计规定。在摊铺作业过程中应拉直平顺，紧贴下承层，不得出现扭曲、重叠。采用搭接时，搭接时长度应为 30～90 cm。采用黏结时，其黏结宽度不小于 5cm，上下层接缝应交替错开，错开长度不小于 0.5 m。

⑤碎石桩法

施工要求：选用未风化的干净碎石、砾石、矿渣等，含泥量不得超过 5%～10%，填料粒径最大不得超过 50 mm。桩的施工次序一般是由里向外或由一边推向另一边。对抗剪强度低的黏性土，为减少对原土扰动，宜采用间隔跳打的方式进行。

⑥袋装砂井法

施工要求：编织袋的抗拉强度能保证承受砂袋自重，且装砂后砂袋的渗透系数不小于砂的渗透系数。应利用渗水率较高的中砂或粗砂，粒径大于 0.5 mm 的砂石含量宜占总重的 50% 以上，渗水系数不应小于 5×10^3 cm/s，应采用风干砂。袋装砂井可呈矩形、梅花形布置，井径一般采用 7～12 cm，井距 1 ~ 2 m，砂垫层厚度为 40 ~ 50 cm。

⑦塑料排水板法

施工要求：复合体排水板法的芯板应具有足够的抗拉强度和竖向排水能力，其单位承载力不小于 130 N/cm，应具有一定的耐腐蚀性和足够的柔性；滤套具有一定的隔离土颗粒和渗透功能，渗水系数不小于 5×10^3 cm/s。塑料排水板接长时，采用滤套内平接的办法，芯板对扣，搭接长度不小于 20 cm，并用滤套包裹。

3. 杂填土段处理

(1) 强夯地基处理的主要工序

①清理草皮，平整场地。

②控制测量放线，量测场地夯前平均标高。

③划分夯区，开挖抽水坑，将坑底水排出。

④点夯夯点放样、施工，推平夯坑。

⑤量测场地标高，调整满夯起夯面标高，满夯按排距放线、施工。

⑥平整场地、回填排水明沟并补强。

⑦量测场地夯平均标高。检测合格后交下道工序。

(2) 主要工序的施工方法

①清理草皮，平整场地

在设计地基处理区域内，用推土机或挖机或人工方法清除场地内的杂草、树根、农作物、生活垃圾及其他腐殖质，并平整场地。用机械方法时清表厚度不大于 15 cm。平整度要求小于等于 +10 cm、−15 cm。

②夯区控制放线，测量夯前标高

以给定的基准点，放出夯区外边线，然后以 20 m × 20 m 的方格网测量场地夯前标高。测距相对中误差 1/1000，测角中误差 45″，在测站上测定高差中误差 10 mm。

③排水

根据设计要求，在设计强夯区域外侧，设置降水井点，抽取坑塘底部蓄水以保证强夯效果。

(3) 施工过程中的质量保证措施

①施工前采用先进的测量仪器进行施工控制网点测量，并经技术员及

监理工程师复测验收，施工中要认真布放夯点和进行夯沉量观测，现场的控制桩应树立明显的标志并加以保护，并定期进行复核检查。

②各夯点施工中，要密切注意异常现象，对夯沉量异常、夯锤反弹、地表隆起要加强监测，如实记录，及时报告甲方和监理部门研究解决办法。

③陷车严重的地段用挖机下挖 1.5 ~ 2.0 m，然后回填砖渣再行夯击。

④选用圆形带气孔的铸钢锤，夯锤气孔要保持畅通，如遇堵塞，应随时将塞土清除。

⑤施工中发现夯锤偏离夯坑中线应立即调整对中，夯击后如发现坑底歪斜较大，需及时用土将坑底垫平，方可继续夯击。

⑥及时办理有关质量文件：场地定位测量成果，现场施工记录，设计(图纸)变更单，现场签证，工序质量评审等有关工程资料，加强原始资料归档管理工作。

4. 原有道路段路基的处理

(1) 拼宽施工

城市道路路基施工时常遇到拼宽施工，即利用部分老路进行加宽处理。老路路基拼宽施工时，先将老路外侧进行清表处理，并将老路边坡挖成台阶状，每层台阶高约 20 cm，宽约 1 m。拼宽施工时，逐层碾压密实填筑，为保证新老路的整体稳定性，可根据设计在新老路基顶交界处铺设土工格栅，土工格栅应伸入新老路基各 2 m 以上。

(2) 利用原有道路路基作为新建道路路基

在城市道路改建工程中，经过勘测发现原有道路路基结构完整，能满足设计要求的，应考虑全部或部分利用原有路基，这样可以大大节约成本。当老路范围内位于新路的机动车道时：挖除老路路面后，若路基填筑高度小于 108 cm，下挖至路床顶面以下 40 cm，对老路路基整平碾压，压实度大于等于 93%，再填筑两层 20 cm 石灰处治土，分层压实，压实度大于等于 95%。若路基填筑高度大于等于 108 cm，对老路路基整平碾压，压实度大于等于 93%，再填筑中间填料至路床顶面以下 40 cm，中间填料全部采用 6% 石灰处治土，分层压实，压实度大于等于 93%，最后填筑 40 cm 6% 石灰处治土，分层压实，压实度大于等于 95%。

（3）利用原有砼路面作为新建道路路面基层

目前城市道路建设中经常会遇到原有的砼路面需要改造成沥青砼路面，如果挖除成本很高，且清除出的砼路面会严重污染环境。就地处理利用的方法有两种：直接加铺沥青；砼路面破碎后就地处理作为新建路面基层。

5. 台后填土段

桥梁、涵洞、通道、挡土墙等结构物部位的土方填筑需要认真对待，由于这些部位施工断面小，大型压路机无法碾压到位，处理不好会导致沉降，引起桥头跳车，影响行车安全。台后填土宜选用碎石等透水性良好的材料作为回填材料，在回填压实施工中，压路机达不到的地方，使用机动夯具或小型压实机具压实紧密。施工中应对称回填压实并保持结构物完好无损。

6. 管线回填部位的处理

主要介绍管线回填部位土方填筑的注意事项：

（1）在沟槽开挖时要留足操作空间，不能为了减少开挖量而使开挖宽度不足。沟槽回填土的虚铺厚度要符合有关规定，对于深基坑管道，开挖时应分层留出台阶，台阶高等于压实厚度，台阶宽大于等于 1 m，保证压实时和路基形成整体。

（2）管道基础要严格按设计要求处理，并注意防水，防止管线整体下沉。地下水受气候条件影响较大，一般晴天地下水无补给来源，只有雨天时，沟槽会有积水，在施工时采用集水坑措施排干沟槽节水。管槽基础砼浇完后，槽底两侧设排水沟，导向集水坑后用泵抽干。对软土地基部分应先对地基进行处理，再填筑一层厚度不小于 20 cm 的砂砾层并夯实紧密，方可安装管节。

（3）加强现场质检，禁止强度不合格或已经破损的管道流入工地，控制好管底高程，防止高程出现错误导致管道上覆土深度不够。

（4）控制好管道接口，防止管道渗水，使路基长期浸泡在水中引起水毁。

（5）严格按分层水平压实工艺对管道填土进行碾压，对于管道周围碾压不到的地方，要改用小型机械进行压实，确保压实强度。

（6）严格控制施工工艺为了有效避免沟槽填土沉降，特别是在工期特别紧，管道位于机动车道范围内，过路管线，主要交叉口处的管道，可以采用水泥稳定碎石、C20 混凝土回填管顶 50 cm，有效提高了沟槽抗压强度。

(三) 路基施工对材料的要求

1.路基填土的基本要求

各类道路用土具有不同的工程性质，在选择路基填筑材料，以及修筑稳定土路面结构层时，应根据不同的土类分别采取不同的工程技术措施。土作为路基建筑材料，砂性土最优，黏性土次之，粉性土属不良材料，最容易引起路基病害，重黏土特别是蒙脱土是不良的路基土。此外，还有一些特殊土类，如有特殊结构的黄土、腐殖土、盐渍土等，用于路基填料时必须采取相应措施。

（1）认真清除地表土不良土质，加强地基压实处理，地表植被、树根、垃圾、不良土质(盐渍土、膨胀土等)必须予以清除，同时应按设计加大对地表的压实。基底为松散土层时，应翻挖80 cm，再分层压实。通常情况下，地表土被清除后，基底含水量大、作业面复杂，往往被施工单位所忽视而匆匆回填。而这是造成日后路基沉降变形的主要原因，为工程埋下质量隐患。所以基底必须彻底清表并压实至设计要求。沿江高速公路西段多为山区丘陵地段，填挖高差较大，地势低洼段的填方路基施工的填前压实工作即成为路基施工的重点和难点。监理单位对此做了严格要求，认真控制填前压实工作，效果显著。

（2）选用适宜的填料，做好开工前的各项准备工作。一般土都可以作为路基用土，但选择水稳性能好、干密度大、承载能力高的砾石类土填筑最为适宜。土质应均匀一致，不得混杂。路面底面以下50 cm范围内填料最大粒径不得超过10 cm，其余也不应超出设计要求。填筑时要剔除超大粒径填料，以保证各点密实度均匀一致，必要时可过筛或用人工拣除。

2.路基施工用石灰及石灰土

石灰等级应为三级以上，应按现买现用的原则，尽量缩短石灰在工地存放时间，否则应妥善覆盖保管。

掺灰拌和分两步进行：第一步，在取土坑附近取土掺灰，此时掺生石灰，掺灰量为总掺灰量的40%左右，可用挖掘机对其翻拌后打堆闷料，并有适当的闷料时间，闷料时间为48～72 h。第二步，待石灰消解，土壤塑性指数与含水量降低以后，将拌和料运至路基上摊铺、粗平，并达到松铺厚

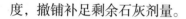

度，撒铺补足剩余石灰剂量。

3. 路基施工用水泥

路基水泥一般选用复合型 P.C32.5 普通硅酸盐水泥，要求初凝、终凝时间长，使用的水泥要产品合格，并经试验室报检合格。

(四) 施工质量控制点

路基施工时主要注意以下几点：

1. 碾压原则

先轻后重，由低向高，后轮重叠前轮 1/2 轮宽。

2. 初压

初压起稳固作用，压路机由底向高稳压一遍，碾压速度一般为 1.5 ~ 2.0 km/h。

3. 复压

复压解决密实度问题，初步拟定压路机振压 5 遍，碾压速度 2.5 ~ 3 km/h，碾压过程中试验人员进行压实度检测，确定达到规定压实度所需碾压遍数。

4. 终压

终压起光面作用，一般为 2 遍。

碾压过程中，测量人员跟踪标高，确定松铺系数，试验人员检测含水量，确定最佳含水量。洒水养生并报验，合格后进行下一道工序施工，若不合格，重复碾压程序。

(五) 质量检验标准

道路工程质量评定包括项目划分、质量评分和质量等级评定三部分，工程质量评定等级分为合格和不合格两档。分项工程的得分按实测项目采用加权平均法计算，分项工程评分为分项工程得分值减去外观缺陷扣分和资料不全扣分。

（1）基本要求具有质量否决权，经检查基本要求不符合规定时，不得进行工程质量的检验与评定。

（2）实测项目合格率和得分的计算公式分列，避免直接用合格率作为分值，概念和意义更清楚。

（3）评定时外观扣分检查应对全线、全部逐项进行全面检查，而不仅仅是抽查。

(4) 施工合同段工程质量评分采用各个单位工程质量评分的加权平均值。

(5) 整个项目的质量评分采用加权平均法进行。

路基压实度指标需分层进行检测，强调确保分层压实质量；压实度指标可只按上路床的检查数据计分，以下层位的压实质量则由监理工程师按分区压实度要求检查控制，也可视情况按层合并计分。路堤压实的施工检查、监理认定，常碰到小样本数问题，当样本数小于10时，按数理统计的一定保证率的系数可能偏大，分层压实质量控制可采用点点符合要求，且实际样本数不小于6个。

(六) 路基施工应配备的主要机械

路基施工中常用的机械主要有挖掘机、装载机、平地机、振动压路机、光轮压路机、自卸车、风镐机 (液压镐头机)、推土机、洒水车等。

推土机：特点是作业面小、机动灵活、转移方便、短距施工效率高、干湿地可用。

平地机：一种装有铲土刮刀为主，配其他多种可换作业装置，进行刮平和整形连续作业的施工机械。除刮刀外可换耙子、犁，进行素土、搅拌等。

挖掘机：主要用于挖掘和装载土、石、砂等散粒材料的施工机械。行进方式有履带式、轮胎式。

装载机：一种高效铲土运土机械，兼有推土机和挖掘机两者的工作能力。

振动压路机：可分为不同吨位，根据路基的压实要求，选用不同的压路机，其振动作用可将路基充分压实。

光轮压路机：主要用于路基的压实和收光工作，主要作用方式为静压。

自卸车：主要用于拉运土方和路基材料，使用于距离较远和方量较大的土方调配任务。

二、城市道路路面施工

(一) 市政道路沥青路面结构组成

沥青路面结构层可由面层、基层、底基层组成。

面层是直接承受车轮荷载反复作用和自然因素影响的结构层，可由 1~3 层组成。表面层应根据使用要求设置抗滑耐磨、密实稳定的沥青层；中面层、下面层应根据道路等级、沥青层厚度、气候条件等选择适当的沥青结构层。

基层是设置在面层之下，并与面层一起将车轮荷载的反复作用传布到底基层、垫层、土基，起主要承重作用的层次。基层材料的强度指标应有较高的要求。基层视道路等级或交通量的需要可设置一层或两层。当基层较厚需分两层施工时，可分别称为上基层、下基层。

底基层是设置在基层之下，并与面层、基层一起承受车轮荷载反复作用，起次要承重作用的层次。底基层材料的强度指标要求可比基层材料略低。底基层视道路等级或交通量的需要可设置一层或两层。底基层较厚需分两层施工时，可分别称为上底基层、下底基层。

(二) 底基层的施工

1. 底基层的类型

底基层的结构目前主要采用的结构形式为 12% 石灰稳定土底基层、低剂量水泥稳定碎石底基层、石灰粉煤灰稳定土底基层、冷再生底基层。

2. 施工准备

(1) 技术准备

①原材料

石灰、水泥、土、碎石、粉煤灰、拌和用水等原材料应进行检验，符合规范要求后方可使用。

②配合比组成设计

取工地实际使用并具有代表性的各种材料，按不同的配合比制备至少 5 组混合料。用重型击实法确定各组混合料的最佳含水量和最大干密度。在最佳含水量状态，按要求的压实度制备混合料试件，在标准条件下养护 6 d，浸水一天后取得无侧限抗压强度。灰剂量应根据设计要求强度值选定，取符合强度要求的最佳配合比作为生产配合比。

(2) 现场准备

①准备下承层

底基层施工前，应对路床顶验收，验收内容包括压实度、宽度、标高、横坡度、平整度等项目。验收合格后才能进行底基层的施工。

②实验段

正式施工前在选取好的下承层上先进行实验段的施工，通过实验段验证混合料的质量和稳定性，检验所采用的机械能否满足备料、运输、拌和和压实的要求和工作效率，以及施工组织和施工工艺的合理性和适应性。确定压实方法、压实机械类型、碾压遍数、压实厚度、最佳含水量等指标作为今后施工现场控制的依据。

3. 底基层施工

(1)12% 石灰稳定土底基层

12% 石灰土底基层施工常用有路拌法和厂拌法两种施工工艺，根据项目所处位置、周边环境等采用不同的施工工艺，在城镇人口密集区，应使用厂拌石灰土，不得使用路拌石灰土。

(2) 低剂量水泥稳定碎石底基层施工

低剂量水泥稳定碎石底基层采用厂拌机摊法，水泥剂量为 2.5% ~ 3.5%。

①主要材料要求

水泥：应选用初凝时间大于 3 h、终凝时间不小于 6 h 的 32.5 级、42.5 级普通硅酸盐水泥、矿渣硅酸盐水泥、火山灰硅酸盐水泥。水泥应有出厂合格证与生产日期，复验合格方可使用。

碎石：采用质地优良，且各项技术指标均符合相关规范要求的碎石，碎石的最大粒径应小于为 37.5 mm。碎石中针片状颗粒的总含量不超过 15%，且不得夹带黏土块、植物等。碎石压碎值不大于 28%。小于 0.6 mm 的颗粒的液限小于 28%，塑性指数小于 9，砂当量不小于 50，细料中 0.075 mm 通过量不大于 12%。不同粒级石料分仓堆放。

水：水应符合国家现行标准《混凝土用水标准》的规定。宜使用饮用水及不含油类等杂质的清洁中性水，pH 值宜为 6~8。

②设备配置

施工机械：必须配备齐全的施工机械和配件，做好开工前的保养、试机工作，并保证在施工期间一般不发生有碍施工进度和质量的故障。路面底基层施工，要求采用集中厂拌、摊铺机摊铺，要配备足够的拌和、运输、摊铺、压实机械。

③施工工艺

准备下承层→场拌混合料→运输→摊铺→碾压→养生。

④质量控制要点

A. 严格控制原材料质量，水泥使用时应了解其出炉的天数，要保证在 7 d 以上，且安定性满足要求。各种石料分开堆放，不能混杂。

B. 严格控制配合比，拌和机的投料要准确，宜在投料运输带上定期取样测定各料仓的投料数量，检查配合比是否正确。

C. 拌和要均匀，不得出现粗细集料的离析现象。

D. 严格控制碾压含水量，含水量应略大于最佳含水量（同时考虑季节、温度等因素），一般高 1% 以补偿混合料在储存、运输时的水分蒸发，使混合料运至现场摊铺后碾压时含水量能接近最佳值，并且拌和均匀。

E. 拌和好的混合料要及时摊铺碾压，一般要求在 2 h 内完成。严禁用贴补的方法进行找平，如局部低洼可采用翻松、添加新鲜混合料重新碾压。

⑤施工注意事项

施工过程中应严格控制混合料的灰剂量、含水量、级配范围。及时调整好摊铺设备，不得在工作中停车检修，以免混合料因长时间放置影响碾压密实度和强度。压路机手必须在混合料可塑状态下（水泥的终凝时间之前）完成碾压成型。

碾压施工时要派专人跟机找平、处理基层平整度。水泥稳定碎石成型后，必须进行洒水养生。养生时间不少于 7 d。后期养生对水泥稳定碎石的强度提高、板体的形成至关重要，特别在炎热的夏天更应不间断洒水。

（3）石灰粉煤灰稳定土底基层施工

①主要材料要求

石灰：应采用经磨细的生石灰粉或消石灰，消石灰应过筛去掉大于 5 mm

的灰块，石灰等级为Ⅲ级以上，含水量不得超过4%。石灰的其他技术指标应符合国家现行标准的规定。

粉煤灰：应采用二级以上的粉煤灰，粉煤灰中 SiO_2、Al_2O_3 和 Fe_2O_3 总的含量应大于70%，烧失量不超过20%；粉煤灰的比表面积宜大于2500 cm²/g 或通过 0.075 mm 筛孔总量不少于70%，通过 0.3 mm 筛孔总量不少于90%；使用湿粉煤灰时含水量不宜超过35%。

土：宜采用塑性指数 12～20 的黏土 (亚黏土)，有机质含量大于10%的土不得使用。对于塑性指数不符合以上规定的土，如因远运土源有困难或工程费用过高而必须使用时，应采取相应措施，通过室内试验和现场试铺，经论证，质量符合规定后，才允许用于路面底基层施工。

水：凡饮用水 (含牲畜饮用水) 均可使用。

②设备配置

A. 必须配备齐全的施工机具和配件，做好开工前各种机械的保养、试机工作并保证在施工期间一般不发生有碍施工进度和质量的故障。

B. 质量控制和质量检测主要仪器。为保证施工质量，在施工过程中，必须配备以下质量控制和质量检测仪器设备。所有仪器设备均需通过计量检定。

③施工工艺

路拌法和中心站集中拌和 (厂拌) 法两种。

④质量控制要点

A. 石灰质量必须达到Ⅱ级要求，才能保证强度。

B. 混合料的拌和要充分均匀，严禁出现素土夹层。

C. 顶面高程控制一定要严格。

D. 碾压时的含水量要严格控制。

E. 精平后的碎土要用人工铲除，以防起皮。

F. 稳定土层宜在第一次重冰冻之前一个月完成，宜经历半月以上温暖的气候，应避免在雨季施工。

⑤注意事项

A. 施工温度在 5 ℃以上，拌和时随拌随控制含水率，压实后结构层平整坚实，无明显裂缝或松散，无起皮、浮土。

B. 严禁压路机在已完成的或正在碾压的路段上调头和急刹车。

C.当天拌和均匀，当天碾压完毕。

D.在干热天气，要洒水养生。

E.碾压前认真检测松铺厚度、宽度等指标，以"宁高勿低、宁铲勿贴"为原则。

F.在大型机械碾压不到的位置，采用小型压实机具进行碾压，确保压实满足设计要求。

(4)冷再生底基层施工

冷再生是指在常温状态下，采用专用的施工机械，将路面结构层的材料，按照一定的厚度进行破碎、拌和，同时添加一定比例的稳定剂、水或路面材料等，然后整形、压实，形成路面基层或底基层的一种道路施工工艺。冷再生是近几年发展起来的一种先进的道路维修施工工艺，与传统的道路维修工艺相比，具有很多优点：一是施工速度快。冷再生施工机械可一次性完成原路面破碎、拌和以及添加辅助材料，效率很高。施工速度可达5000 m²/d，大大缩短了施工工期，同时对交通的影响也降低到了最小。二是基层质量好。现有路面材料与水、稳定剂等充分拌和均匀，并且水和稳定剂的添加比例可以精确控制，从而形成高质量的基层材料。三是节约资金。由于充分利用了原路面的材料，免除了破除原路面、运出旧路面材料、再运进新路面材料的运输费和新材料费，简化了施工工序，降低了施工成本。四是保护环境。冷再生施工可以有效地防止粉尘飞扬，也避免了旧材料的弃置，减少了对周围环境的污染。另外，冷再生施工还可以延长施工季节，加快施工速度。

(三)基层的施工

1.基层的类型

基层的结构目前主要采用的结构形式为水泥稳定碎石、石灰和粉煤灰稳定碎石。

2.施工准备

(1)技术准备

①原材料

石灰、水泥、土、碎石、粉煤灰、拌和用水等原材料应进行检验，符合规范要求后方可使用。

②配合比组成设计

取工地实际使用并具有代表性的各种材料，按不同的配合比制备至少5组混合料。用重型击实法确定各组混合料的最佳含水量和最大干密度。在最佳含水量状态，按要求的压实度制备混合料试件，在标准条件下养护6 d，浸水一天后取得无侧限抗压强度。灰剂量应根据设计要求强度值选定，取符合强度要求的最佳配合比作为生产配合比。

(2) 现场准备

①准备下承层

基层施工前，应对底基层验收，验收内容包括压实度、宽度、标高、横坡度、平整度等项目。验收合格后才能进行基层的施工。

②试验段

正式施工前在选取好的下承层上先进行试验段的施工，通过试验段验证混合料的质量和稳定性，检验所采用的机械能否满足备料、运输、拌和和压实的要求和工作效率，以及施工组织和施工工艺的合理性和适应性。确定压实方法、压实机械类型、碾压遍数、压实厚度、最佳含水量等指标作为今后施工现场控制的依据。

3. 水泥稳定碎石基层施工

在符合要求的级配碎石中，掺入适当的水泥和水，按照技术要求，在最佳含水率时经拌和摊铺，压实及养护成型，其抗压强度符合规定要求的混合料，称为水泥稳定碎石。水泥稳定碎石基层采用厂拌机摊法，水泥剂量为4.0% ~ 5.5%。

(1) 主要材料要求

水泥：①应选用初凝时间大于3 h、终凝时间不小于6 h的32.5级、42.5级普通硅酸盐水泥、矿渣硅酸盐、火山灰硅酸盐水泥。水泥应有出厂合格证与生产日期，复验合格方可使用。②水泥贮存期超过3个月或受潮，应进行性能试验，合格后方可使用。

碎石：采用质地优良，且各项技术指标均符合相关规范要求的碎石，碎石的最大粒径应小于37.5 mm。碎石中针片状颗粒的总含量不超过15%，且不得夹带黏土块、植物等。碎石压碎值不大于28%。小于0.6 mm的颗粒的液限小于28%，塑性指数小于9，砂当量不小于50，细料中0.075 mm通过量不大于12%。不同粒级石料分仓堆放。

水：应符合国家现行标准的规定。宜使用饮用水及不含油类等杂质的清洁中性水，pH宜为6~8。

（2）设备配置

施工机械：必须配备齐全的施工机械和配件，做好开工前的保养、试机工作，并保证在施工期间一般不发生有碍施工进度和质量的故障。路面基层施工，要求采用集中厂拌、摊铺机摊铺，要配备足够的拌和、运输、摊铺、压实机械。

质量控制和质量检测主要仪器：

①水泥胶砂强度、水泥凝结时间、安定性检验仪器。

②水泥剂量测定设备。

③重型击实仪（有条件可采用振动法成型设备）。

④水泥稳定碎石抗压试件制备与抗压强度测定设备。

⑤标准养护室。

⑥基层密度测定设备。

⑦标准筛（方孔）。

⑧土壤液、塑限联合测定仪。

⑨压碎值仪、针片状测定仪器。

⑩取芯机。

（3）施工工艺

准备下承层→场拌混合料→运输→摊铺→碾压→养生。

（4）质量控制要点

严格控制原材料质量，水泥使用时应了解其出炉的天数，要保证在7 d以上，且安定性满足要求。各种石料分开堆放，不能混杂。

严格控制配合比，拌和机的投料要准确，宜在投料运输带上定期取样测定各料仓的投料数量，检查配合比是否正确。

拌和要均匀，不得出现粗细集料的离析现象。

严格控制碾压含水量，含水量应略大于最佳含水量（同时考虑季节、温度等因素），一般高1%以补偿混合料在储存、运输时的水分蒸发，使混合料运至现场摊铺后碾压时含水量能接近最佳值，并且拌和均匀。

拌和好的混合料要及时摊铺碾压，一般要求在 2 h 内完成。严禁用贴补的方法进行找平，如局部低洼可采用翻松、添加新鲜混合料重新碾压。

(5) 施工注意事项

施工过程中应严格控制混合料的灰剂量、含水量、级配范围。及时调整好摊铺设备，不得在工作中停车检修，以免混合料因长时间放置影响碾压密实度和强度。压路机手必须在混合料可塑状态下（水泥的终凝时间之前）完成碾压成型。

碾压施工时要派专人跟机找平、处理基层平整度。水泥稳定碎石成型后，必须进行洒水养生。养生时间不少于 7 d。后期养生对水泥稳定碎石的强度提高、板体的形成至关重要，特别在炎热的夏天更应不间断洒水。

4. 石灰粉煤灰稳定碎石基层施工

石灰粉煤灰稳定碎石是指用符合要求的级配碎石和一定比例的石灰、粉煤灰，加水拌和、摊铺、碾压及养生而成型的混合料。

(1) 主要材料要求

①石灰

应采用经磨细的生石灰粉或消石灰，消石灰应过筛去掉大于 5 mm 的灰块，石灰等级为Ⅲ级以上，含水量不得超过 4%。磨细生石灰，可不经消解直接使用；块灰应在使用前 2~3 d 完成消解，未能消解的生石灰块应筛除，消解石灰的粒径不得大于 10 mm。对储存较久或经过雨期的消解石灰应先经过试验，根据活性氧化物的含量决定能否使用和使用办法。

②粉煤灰

应采用二级以上的粉煤灰，粉煤灰中 SiO_2、Al_2O_3 和 Fe_2O_3 总的含量应大于 70%，烧失量不超过 20%；粉煤灰的比表面积宜大于 2500 cm^2/g 或通过 0.075 mm 筛孔总量不少于 70%，通过 0.3 mm 筛孔总量不少于 90%；使用湿粉煤灰时含水量不宜超过 35%。

③水

凡饮用水（含牲畜饮用水）均可使用。

（2）设备配置

①施工机械

必须配备齐全的施工机械和配件，做好开工前的保养、试机工作，并保证在施工期间一般不发生有碍施工进度和质量的故障。路面基层施工，要求采用集中厂拌、摊铺机摊铺，要配备足够的拌和、运输、摊铺、压实机械。

②质量控制和质量检测主要仪器

A. 石灰有效钙和氧化镁含量测定设备。

B. 石灰剂量测定设备。

C. 重型击实仪。

D. 无侧限抗压试件制备与抗压强度测定设备。

E. 标准养护室。

F. 基层密度测定设备。

G. 标准筛（方孔）。

H. 土壤液、塑限联合测定仪。

I. 压碎值仪、针片状测定仪器。

J. 取芯机、高温炉。

（3）施工工艺

准备下承层→场拌混合料→运输→摊铺→碾压→养生。

（4）质量控制要点

①石灰质量必须达到Ⅱ级要求，才能保证强度。

②混合料的拌和要充分均匀，严禁出现离析现象。

③顶面高程控制一定要严格。

④碾压时的含水量要严格控制。

（5）注意事项

①含水量的掌握应从源头抓起，严格控制在拌和场，防止在摊铺碾压过程中出现偏多、偏少现象。拌和场重点控制粉煤灰、石灰、细集料含水量，做到雨天用彩条布覆盖。如天气干燥，出现含水量偏低现象，则宜在粗集料上喷洒水。每次拌和前，应对材料含水量进行测定，以便及时调整混合料配合比及含水量。

②拌和机的投料要准确，控制好螺旋电机转速及料门开度，在投料运

输带上定期检查各料仓的投料数量。

③拌和要均匀，不得出现粗、细集料离析现象，成品料堆应随时用装载机摊平，避免形成锥体引起粗细集料滑到锥底。

④拌和好的混合料要及时摊铺碾压，从拌和到碾压整个施工过程应控制在当天完成，最迟控制在 48 h 内。拌和、摊铺过程中若遇雨淋，应及时用彩条布对混合料进行覆盖。

⑤摊铺机首先要将熨平板调成直线，二是要反复调整熨平板的振级和振幅，测定它的松铺系数。严格控制高程和平整度，每层压实厚度不宜超过 20 cm，最小压实厚度不小于 10 cm，严禁出现薄层贴补等不良现象。

⑥碾压完毕后进入养生阶段，在此阶段内用洒水车洒水，使基层表面始终处于湿润状态，养生时间一般为 7 d，对于基层的下层，碾压完毕后，可立即铺筑上层，不需专门养生，如不能立即铺筑，仍按规定养生。

第四章　桥梁工程建设施工

第一节　桥梁基础施工

一、桥梁基础概述

(一)基础的作用与要求

桥梁的基础是指直接与地基接触的部分，是构成桥梁下部结构的重要组成部分。承受着基础传来的荷载的那一部分地层(岩层或土层)被称为地基。地基和基础在受到各种荷载后，会产生应力和变形。为了确保桥梁的正常使用和安全，地基和基础必须具备足够的强度和稳定性，变形也应该在可容许的范围内。

桥梁基础的类型可以根据地基土壤的变化情况、上部结构的要求和荷载特性而采用各种类型。基础类型的选择主要取决于地质土层的工程性质、水文地质条件、荷载特性、桥梁结构及使用要求，以及材料的供应和施工技术等因素。

在选择时的原则是：力求在使用上安全可靠、施工上简便可行、经济上节约合理。因此，必要时需要比较不同的方案，以确定较为适宜和合理的设计和施工方案。

桥梁基础的设计和施工质量，直接影响到整座桥梁的质量。基础工程属于隐蔽工程，如果存在缺陷，将很难发现，也较难填补或修复，而这些缺陷往往直接影响整座桥梁的使用甚至安全。基础工程的施工进度，常常决定着整个桥梁工程的进度。下部工程的造价，特别是在复杂地质条件或深水基础下，通常占据整个桥梁工程相当大的比重。因此，从事这项工作时必须精心设计、精心施工，确保一切万无一失。

桥梁结构是一个整体，上下部结构和地基是共同工作、相互影响的。地基的任何变形都必然引起上下部结构的相应位移，上下部结构的受力行为也必然与地基的强度和稳定条件有关。因此，桥梁基础的设计和施工都应与桥梁结构的特点和要求密切结合，进行全面分析和综合考虑。

(二) 桥梁基础的特点

桥梁的基础具有重要的功能，它支撑着桥梁的跨度结构，保持整个体系的稳定性。基础通过将上部结构、墩台的自重以及车辆荷载传递给地基来实现这一作用，从而成为桥梁结构的重要组成部分。地基是指基础下面的地层，作为整个桥梁的承载体，承受着基础传递来的荷载。

为了确保结构物的安全和正常使用，地基必须具有足够的强度和稳定性，同时其变形应该在允许范围内。对于浅基础而言，根据地基的层次和位置可以分为持力层和下卧层。持力层是指与浅基础底面相接触的地层部分，直接承受着基底的压应力，而持力层以下的地层则称为下卧层。保证建筑物质量的关键在于确保地基与基础的可靠性，否则整个建筑物可能会受到损坏或影响其正常使用。

实践证明，建筑工程质量事故往往是由地基与基础的失稳和破坏引起的，其原因是多方面的：一是地基与基础属于隐蔽工程，施工条件差，一旦出现问题，很难发现和处理修复；二是地基与基础位于地下或水下，容易导致主观上的轻视；三是地基与基础所占造价比重较大。因此，要求充分重视地基与基础的设计和施工质量，并严格执行现行部颁公路桥涵设计、施工相关技术规范和标准。

(三) 桥梁基础的分类

桥梁基础可分为天然地基和人工地基两类。若直接在自然地层上进行基础建设，则属于天然地基；而当地层土质过于松软或存在不利于工程的地质条件时，需要经过人工处理后方可进行基础施工，这样的基础称为人工地基。

一般而言，应尽量选择天然地基作为桥梁基础。为了在设计时能够根据具体情况进行合理选择，基础的类型可根据其刚度、埋设深度、构造形式及施工方法进行分类。分类的目的在于了解各种类型基础的特点，从而为设计提供依据。

1. 按基础的刚度划分

基于基础受力后的变形情况，可将基础分为刚性和柔性两种类型。

刚性基础指受力后不发生显著挠曲变形的基础。通常，这类基础采用抗弯拉能力较差的材料（如浆砌块石、片石混凝土等）制成，不需使用钢材，造价相对较低。然而，刚性基础的土体体积较大，支承面积受到一定的限制。而柔性基础则是指在受力后允许发生较大挠曲变形的基础。这类基础通常采用钢筋混凝土制成，因为钢筋可以承受较大的弯拉应力和剪应力，使得在地基承载能力较低时，柔性基础能够提供较大的支撑面积。在桥梁工程中，通常更倾向于采用刚性基础。

2. 按基础埋置深度划分

根据基础埋置的深度不同，基础可分为浅基础（埋深在 5 m 以内）和深基础两种。

当地层地基承载能力较强时，可以采用埋深较浅的浅基础。浅基础施工便利，一般采用明挖法从地面开挖基坑后，在基坑底部直接进行基础的砌筑或浇筑，是桥梁基础的首选方案。然而，如果浅层土质条件较差，则需要将基础埋置于较深的良好土层中，这样的基础称为深基础。深基础的设计和施工相对较为复杂，但具有良好的适应性和抗震性。因此，在高等级公路工程中普遍采用，常见的形式有桩基础、沉井等。

3. 按构造形式划分

从构造形式上来看，桥梁基础可分为实体式和桩柱式两类。

当整个基础由坚实的圬工材料构成时，则称为实体式基础。这种基础具有整体性好、自重较大的特点，对地基承载能力的要求也较高。而桩柱式基础则是由多根基桩或小型管桩组成，并通过承台连接成整体的基础。相较于实体式基础，桩柱式基础的圬工体积较小、自重较轻，对地基强度的要求相对较低，其中的桩柱通常采用钢筋混凝土制成。

4. 按施工方法划分

根据施工方法的不同，基础可分为明挖、沉井、沉箱、沉桩、沉管灌注桩、孔灌注桩等类型。

5. 按基础的材料划分

目前，我国公路构造物基础大多采用混凝土或钢筋混凝土结构，少部分采用钢结构。在石料资源丰富的地区，也常根据因地制宜的原则采用砌石基础。只有在特殊情况下（如抢修、林区便桥）才会采用临时的木结构。

二、桥梁浅基础施工

(一) 桥梁浅基础的构造形式

1. 刚性扩大基础

地基的强度通常比墩台的强度低，因此需要将基础的平面尺寸扩大，以满足地基强度的要求。同时，基础类似于一个强大的刚体，在工程上常被称为刚性扩大基础。作为刚性基础，其每边的最大尺寸应受其自身材料刚性角的限制。当基础较厚时，可以利用刚性角将其做成阶梯状，既可减少基础的土方开挖量，又可充分发挥其承载作用。刚性角是材料的一种性质，基础的设计应根据刚性角的限制范围，逐步将基础按阶梯形状放大，使放大的尺寸尽可能与刚性角保持一致，基础的高度与底边宽度不得随意设定。在充分考虑材料刚性角的前提下进行基础施工，既可以较好地扩散基底应力，又可节省基础建造材料。

2. 单独基础和联合基础

单独基础是立柱式桥墩中常见的基础形式之一，其纵、横剖面均可砌筑成台阶式。但当两个立柱式桥墩相距较近，每个单独基础为适应地基强度的要求而必须扩大基础平面尺寸时，可能导致相邻的单独基础在平面上相接甚至重叠。此时可将基础扩大部分连在一起，形成联合基础。

3. 条形基础

条形基础是指基础长度远大于宽度和高度的一种基础形式，分为墙下钢筋混凝土条形基础和柱下钢筋混凝土条形基础。柱下条形基础又可分为单向条形基础和十字交叉条形基础。条形基础必须具有足够的刚度，以将柱子的荷载较均匀地分布到扩展的条形基础底面积上，并调整可能产生的不均匀沉降。当单向条形基础底面积不足以承受上部结构荷载时，可将柱基础在纵横两个方向连成十字交叉条形基础，以增加桥梁的整体性，减小基础的不均匀沉降。条形基础可分为梁板式条形基础和板式条形基础两类。梁板式条形基础适用于钢筋混凝土框架结构、框架 – 剪力墙结构、框支结构和钢结构。板式条形基础适用于钢筋混凝土剪力墙结构和砌体结构。

(二) 桥梁浅基础基坑开挖

1. 基坑定位放样

在桥梁施工的进程中，首先需建立施工控制网，其次进行桥梁轴线标定和墩台中心定位，最终进行墩台施工放样，明确基础和基坑的各个尺寸。桥梁施工控制网不仅用于测定桥梁长度，还需要用于各个位置的控制，确保上部结构的正确连接。

施工控制网通常采用三角控制网，其布设应根据总平面图设计和施工地区的地形条件来确定，并作为整个工程施工设计的一部分。在布设时，要考虑施工程序、方法以及施工场地的布置情况，可使用桥址地形图拟定布网方案。

桥梁轴线的位置是在桥梁勘测设计中根据路线的总走向、地形、地质、河床情况等选定的，在施工时必须现场恢复桥梁轴线位置，并进行墩台中心定位。中小桥梁一般采用直接丈量法标定桥轴线长度并确定墩台的中心位置，有条件的情况下可以使用测距仪或全站仪直接确定。

施工放样贯穿整个施工过程，是保证质量的一个重要方面。施工放样的目的是在实地标定设计图上的结构物位置、形状、大小和高度，以作为施工的依据。

桥梁施工放样主要包括：墩台及基础的轴线定位、桩基础的桩位定位、承台和墩身结构尺寸及位置的定位、墩帽和支座垫石的结构尺寸和位置的定位、桥体上部结构的中线和细部尺寸的定位、桥面系结构的位置和尺寸的定位以及各个阶段的高程定位等内容。

基础放样是一项基于实地标定的墩台中心位置进行的项目。在没有水源的地区，可以将经纬仪直接放置在中心位置，并通过木桩准确地固定基础的纵横轴线和边缘。然而，由于定位桩会在基坑开挖过程中被清理掉，因此必须在基坑开挖范围之外设置保护桩，以便在施工过程中随时检查基坑位置或基础位置是否正确。通常情况下，在基坑外围会用龙门板固定，或者在地面上使用石灰线进行标记。为了控制建筑物标高，常在拟建建筑物区域附近设置水准点并引测到施工现场附近的不受施工影响的地方，并设置临时水准点。

2. 陆上基坑开挖

(1) 浅基坑无水开挖

浅基坑无水开挖是指在陆地深水位地层进行的挖掘工作。此类基坑由于其浅浅的深度和较深的水位，在开挖过程中通常不会出现水或水渗透极大的情况。基坑壁的稳定性不受水的影响，开挖工作相对简单。根据土质情况，可灵活选择坑壁形态，包括竖直、斜坡或阶梯状。

(2) 深基坑无水开挖

深基坑无水开挖指的是在挖掘较深的基坑时，地下水仍位于基坑地面以下，且基坑内渗水量较少。一般情况下，只需在坑底设置几个集水坑进行抽水即可。少量的渗水不会影响基坑壁的稳定性。若条件允许，可以采用坡度放缓或设置台阶的方式进行挖掘；若条件不允许进行全方位大规模扩张，则应采取适当的护壁措施以防止坑壁坍塌。通常所采用的护壁措施主要包括插打钢板桩围堰、铺设钢轨或木桩等方式，而为了进一步加强护壁效果，还可采用挂网喷射混凝土、地下连续墙或钻孔搅拌桩连续墙等更为专业的措施。

(3) 浅基坑渗水开挖

若桥梁施工位置的地下水位较浅，可能出现严重渗水甚至涌水的情况。在此情况下，若不消除水的影响，将无法顺利进行后续工作。目前常用的排水方法主要包括降水井抽水排水法、钢板桩围堰封闭排水法以及地下连续墙封闭排水法。降水井抽水排水法是用于陆地高水位环境的一种有效的排水方法，钢板桩围堰封闭排水法不仅适用于水中基坑开挖，也可在陆地高水位环境中使用，而地下连续墙封闭排水法则适用于陆地高水位环境。在水中或陆地高水位环境中，采用集水坑抽水排水的方法往往难以奏效。

(4) 深基坑渗水开挖

在水中进行深基坑的开挖是浅基础施工中最具挑战性的任务。根据长期的工程实践经验，推荐采用钢板桩围堰封闭开挖空间的方法，将其与外部水源隔离，在无渗水且坑壁不发生坍塌的环境中进行深水域基坑的开挖。

3. 水中基坑开挖

在桥梁墩台基础施工过程中，绝大多数情况下基坑位于地表水位以下，有时候还会遇到水流较大的情况。因此，施工方通常希望在这种状况下能够进行施工作业，从而更好地控制工程进度和质量。而水中基础最常采用的施工方法就是围堰法。

围堰的作用主要是防水和围水，有时还起到支撑施工平台和基坑坑壁的作用。选择围堰的结构形式和材料需要考虑水深、流速、地质情况、基础形式以及通航要求等多个因素。不论采用何种形式和材料的围堰，都必须满足以下要求：

（1）围堰顶部的高度应该高出施工期间最高水位 70 m，最低高度不应小于 50 cm。而用于防止地下水的围堰则应该高出水位或地面 20~40 cm。

（2）围堰的外形宜因应水流排放的需求进行设计，其尺寸不应过多压缩水流断面，以避免过高的水位对围堰安全造成潜在威胁。此外，围堰的设计还应考虑到通航和导流等工作因素的影响。围堰内部的平面尺寸应满足基础施工的要求，并留有适当的工作空间。

（3）围堰的填筑应该分层进行，以减少渗漏，并且要满足围堰的强度和稳定性要求。在基坑开挖后，围堰不应发生破裂、滑动或倾覆。围堰必须具备良好的防水性能，并应采取适当的措施以降低渗漏风险，从而减轻排水工作所带来的压力。通常情况下，围堰的施工会安排在枯水期进行。

4. 地基处理

（1）多年冻土地基的处理

在处理多年冻土地基时，基础的设置应避免置于季节性冻融土层上，切勿直接与冻土接触。当基础的基底铺设在多年冻土层（永冻土）上时，必须在基底之上添加隔温层或保温层材料，且铺设的宽度应在基础外缘加宽 1 m。

对于按冻结原则设计的露天基础，在多年平均地温等于或高于 3 ℃的条件下，应选择在冬季进行施工；而在多年平均地温低于 -3 ℃时，可考虑在避开高温季节的其他季节进行施工。

在施工前，必须进行充分准备并组织迅速的施工过程。完成的基础应立即进行回填和封闭，不宜出现间歇。若必须中断施工，应采用草袋、棉絮等材料进行覆盖，以防止热量的侵入。在施工过程中，切勿让地表水流入基坑，明水应在距离坑顶 10 m 之外设立排水沟。排水沟中的水应尽量远离坑顶，并及时清除融化水。施工时，必须搭建遮阳棚和防雨棚，并及时排出季节冻层内的地下水和冻土本身的融化水。

（2）岩层基底的处理

对于风化的岩层，需挖掘至满足地基承载力或其他相关要求为止。未经风化的岩层，在建造基础之前，必须清除淤泥、苔藓以及松动的石块，并对岩石进行彻底清洗。若遇到坚硬且倾斜的岩层，应将其表面凿平；若倾斜度较大，无法完全平整，则应采用多级台阶方式进行凿削，每级台阶的宽度不宜小于 0.3 m。

（3）溶洞地基的处理

对于影响基底稳定的溶洞，严禁堵塞其水路。干燥的溶洞可采用砂砾石、碎石、干砌或浆砌片石及灰土等材料进行密实回填；若基底上的干燥溶洞较大，难以进行回填处理，可考虑采用桩基处理方法。在选择桩基处理前，必须进行详细设计，并获得相关单位的批准。

（4）泉眼地基的处理

对于泉眼地基的处理，可采取以下方法：将带有螺口的钢管紧密插入泉眼中，盖上螺帽并拧紧，以阻止泉水的流出；或者向泉眼内注入速凝水泥砂浆，并打入木塞以堵住泉眼。如果堵塞泉眼存在困难，可以使用管道将水引流至集水坑排出，或者在基底下设置盲沟将水引至集水坑排出。待基础坞工完成后，可向盲沟中注入水泥浆以堵塞泉眼。在进行引流排水时，务必注意防止沙土流失，以免导致基底沉陷。

5.基坑施工过程中注意要点

在进行基坑施工时，需要注意以下几个要点：一是在基坑顶缘四周适当距离处设置截水沟，以防止水渗入，并避免地表水冲刷坑壁，从而影响坑壁的稳定性。二是坑壁边缘应留有护道，静态荷载距离坑边缘不得小于 0.5m，动态荷载距离坑边缘不得小于 1.0 m。垂直坑壁边缘的护道应适当增宽，特别是在水文地质条件欠佳时，需要采取加固措施。三是应经常观察坑边缘顶面土壤是否出现裂缝，以及坑壁是否有松散塌落的现象。基坑施工时间不宜过长，自开挖至基础完成，应抓紧时间进行连续施工。四是如果采用机械开挖基坑，在挖至坑底时，必须保留不少于 30 cm 厚度的底层，并在基础浇筑之前用人工挖至基底标高。基坑施工宜选择少雨季节进行，并尽量采用原土及时回填。对于桥台及铺有河床的桥墩基坑，则应分层夯实。

三、桩基础施工

(一) 沉入桩基础施工

1. 沉入桩基础施工准备工作

(1) 需获得工程地质钻探资料、水文资料和打桩资料。

(2) 在实施沉桩前，必须清理地面上 (下) 的障碍物，确保场地平整，并保证地面具备足够的承载力来满足沉桩工作的需要。

(3) 根据现场环境的实际情况，采取适当的降噪措施。

(4) 在城区、居民区等人员密集的场所，应避免进行沉桩施工，以确保施工过程的安全。

2. 锤击沉桩法

(1) 沉桩设备

进行锤击沉桩所需的主要设备包括桩锤、桩架、桩帽和送桩等。

桩锤：桩锤类型多样，包括坠锤、单动气锤、双动气锤、柴油锤和液压锤等。

桩架：桩架是锤击沉桩的关键设备，其主要功能包括装载吊锤、吊起桩子、插桩、吊起射水管以及在桩沉过程中提供导向。桩架通常由吊杆、导向架、起吊装置、支撑架和底座构成。桩架可以采用木质或钢质材料制造，常见的有轨道式桩架、液压步履式桩架、悬臂履带式桩架和三点支撑式桩架，其中以钢制轨道式桩架为工程中常用的类型。

桩帽：在进行锤击沉桩时，需在锤与桩之间设置桩帽。桩帽的作用是缓冲保护桩顶，并提高沉桩效率。为此，在桩帽与锤接触的一侧填充硬质缓冲材料，如橡木、树脂、硬桦木、合成橡胶等；在桩帽下方应垫以软质缓冲材料，如麻饼、草垫、废轮胎等。

送桩：当设计要求桩顶高度低于导杆时，需要使用送桩设备。送桩通常由硬木、钢或钢筋混凝土制成。

（2）施工技术要求

第一，水泥混凝土桩的强度必须达到100%的设计标准，并具备28 d龄期。

第二，对于采用重锤低击的混凝土管桩，应在桩帽上适当设置逸气孔。

第三，打桩的顺序要遵循以下原则：从一端向另一端打桩；密集群桩由中心向四边打；优先打深桩，然后打浅桩；先打坡顶，再打坡脚；首先打靠近建筑的桩，然后往外打；遇到多方向桩，应设法减少变更桩机斜度或方向的作业次数，以避免桩顶干扰。

第四，沉桩的过程中，必须保持锤、桩帽和桩身始终处于同一轴线上。

第五，沉桩时，以控制桩尖的设计标高为主。当桩尖标高等于设计标高，但贯入度较大时，应继续锤击，使贯入度接近控制贯入度。一旦达到控制贯入度而桩尖标高未达到设计标高，应继续锤击100 mm左右（或锤击30～50次）。如无异常变化，方可停止锤击。

第六，在桩施工过程中，无论是打桩还是接桩，都应保证连续作业，严禁中途出现较长时间的停歇。因此，应当力求做到一鼓作气，避免因时间拖沓而影响工程进度。

第七，在一个墩或台桩基中，同一水平面内的桩接头数量不得超过桩基总数的1/4。但若采用法兰盘按等强度设计的接头，可不受此限制（以满足抗水平剪力的需要）。

第八，沉桩过程中，若发现贯入度剧变、桩身突然倾斜、位移或出现严重回弹，桩顶或桩身出现严重裂缝、破碎等情况，应立即暂停沉桩，进行原因分析，并采取有效措施。

第九，在硬塑黏土或松散的沙土地层下沉群桩时，若桩的影响区内有建筑物，必须防止地面隆起或下沉对建筑物造成破坏（黏土隆起、沙土下陷）。

3. 振动沉桩法

振动沉桩法是利用振动打桩机（也称为振动桩锤）将桩打入土中的一种施工方式。其工作原理是：振动打桩机引起桩的上下振动，这种振动在清除桩与周围土层之间摩擦力的同时，还能使桩尖地基松动，从而使桩能够顺利贯入或拔出。一般来说，振动沉桩法适用于砂土、硬塑及软塑的黏性土、中密及较软的碎石土等地质环境。以下是振动沉桩施工的关键点及注意事项：

（1）振动时间的控制

每次振动的时长需要根据土质情况以及振动机的能力来决定，通常需要通过实地试验来确定。一般而言，每次振动的时间不宜超过10min至15min。当桩逐渐下沉且速度由慢变快时，可以继续进行振动。如果下沉速度由快变慢，或者当桩头开始冒水时，就应该立即停止振动。如果出现振幅过大（通常不应超过14～16 mm）而桩仍无法下沉的情况，这可能表示桩尖端的土层过于坚实或者桩的接头已经松动，此时应停止振动并继续使用水枪冲刷，或者采取其他处理方式。

（2）振动沉桩停振控制标准

停振的标准需要通过试桩验证来确定具体的桩尖标高。在实际施工过程中，一旦达到预设的桩尖标高，就应立即停止振动。

（3）管桩改用开口桩靴振动吸泥下沉

对于含有大量碎石、卵石或破裂岩层的桩基土层，采用常规的高压射水振动沉桩方法可能难以实现下沉。在这种情况下，我们可以考虑将锥形桩尖更换为开口桩靴，并在桩内配合使用吸泥机进行工作，这样可以大大提高沉桩的效果。

（4）振动沉桩机、机座、桩帽应连接牢固

为了确保振动沉桩施工的安全和稳定性，需要确保振动沉桩机、机座和桩帽之间的连接牢固可靠。在开始沉桩时，最好使用自重下沉或射水下沉的方式，以确保桩身的稳定性。一旦桩身足够稳定，再采用振动下沉的方式进行施工。

4.射水沉桩法

射水施工方法的选择应根据土质情况来确定。在砂质土夹杂卵石或坚硬土层中，通常以射水为主要施工方式，锤击或振动作为辅助；在黏土或亚黏土中，为了避免降低承载力，通常以锤击或振动为主，射水为辅。同时，应合理控制射水的时间和水量；对于下沉空心桩，一般采用单管内射水的方式。当需要下沉较深或土层较密实时，可以配合锤击或振动进行施工；下沉实心桩，将射水管对称地装在桩的两侧，并沿着桩身上下自由移动，以便在任何高度上射水冲土。不论采取何种射水施工方法，在沉入最后阶段至设计标高 1~1.5 m 时，应停止射水，单用锤击或振动沉入设计深度。

射水沉桩的关键设备包括水泵、水源、输水管路以及射水管等。射水沉桩施工的注意事项有：在吊插基桩过程中，需及时引导输水胶管，防止其断裂或脱落；基桩垂直稳定后，加上桩帽和桩锤，先以较小的水压启动，使桩借助自重下沉。初期应限制桩身下沉速度，避免堵塞射水管口，并随时监控和调整桩的方向；当下沉速度逐渐减缓时，可以适度轻击锤子，当沉至适当深度（8~10 m）并能保持桩身稳定时，可以逐渐增加水压和锤子的冲击能量；在离设计标高一定距离（2.0 m 以上）停止射水，移除射水管，然后通过锤击或振动使桩下沉至设计要求的标高。如果采用中心射水法沉桩，需要在桩垫和桩帽上设置排水通道，防止射水从桩尖孔倒灌入桩内，形成水压，导致桩身胀裂。在管桩下沉至预定位置后，若设计要求使用混凝土填芯，应在清除沉渣（如使用吸泥法等）后，再进行水下混凝土填芯。

5. 静力压桩法

静力压桩法适用于高压缩性黏土或沙性较轻的软黏土地基。

（1）静力压桩的特点

施工过程中无冲击力，噪声和振动较小；桩顶不易损坏，便于预估和验证桩的承载力；对于 30 m 以上的长桩压入较困难，但可通过接桩，分节压入；机械设备的拼装和移动耗时较多。

（2）静力压桩施工要求

选择压桩设备时，其设计承载力应大于压桩阻力的 40%；压桩前应检查各种设备，确保压桩工作不间断；使用两台卷扬机同时启动，放下压梁时，务必保持同步；压桩过程中应尽量避免中途停歇；当桩尖标高接近设计标高时，应严格控制进度；遇到特殊情况，应暂停施压。

（二）钻孔灌注桩施工

1. 埋设护筒

护筒能够稳定孔壁、防止坍孔，还能隔离地表水、保护孔口地面、固定桩孔位置，以及起到钻头导向作用等。护筒应坚固耐用、不漏水，其内径应比钻孔直径大（旋转钻约大 20 cm，潜水钻、冲击或冲抓锥约大 40 cm），每节长度 2~3 m。

通常使用钢护筒，在陆地和深水中均可使用，钻孔完成后可取出重复使用。在深水中埋设护筒时，应先打入导向架，再用锤击或振动加压沉入护筒。护筒入土深度视土质和流速而定。护筒平面位置的偏差不得超过 5 cm，倾斜度不得超过 1%。

2. 泥浆制备

钻孔泥浆由水、黏土（膨润土）和添加剂组成，具有浮悬钻渣、冷却钻头、润滑钻具，增大静水压力，并在孔壁形成泥皮，隔断孔内外渗流，防止坍孔的作用。通常采用塑性指数大于 25，粒径小于 0.005 mm，颗粒含量大于 50% 的黏土，通过泥浆搅拌机或人工调和，储存在泥浆池内，再用泥浆泵输入钻孔内。

3. 钻孔

（1）正循环回转钻机钻孔

在孔穿透的开始阶段，应轻轻提起钻杆，启动泥浆泵使泥浆在钻管内循环，待泥浆均匀后才开始孔穿透。钻进黏土应选用锐利的钻头，采取中等转速、大流量、稀泥浆的方法，而在沙质或软土层应选用平底钻头，采取控制进入深度、轻压、低速、大流量、浓泥浆的方法钻进。钻机的主吊钩应始终吊住钻具，让钻机的整体重量不完全承载在孔底，以此既可避免钻杆的断裂，又可以确保孔穿透的质量。

（2）反循环回转钻机钻孔

反循环程序中，泥浆会从孔外流入孔内，通过如空气吸泥机等力学方式，将钻渣从钻杆顶部吸出钻杆中心，或者随钻头一起下钻的吸浆泵将孔底的钻渣吸出孔外。钻孔过程中，必须源源不断地补充水或泥浆，保证护筒内的水位稳定，始终保持适应的高度。

（3）冲击锥钻进成孔

使用钻锥连续提升和下落，反复冲击底部土层，将土层中的泥沙、石块向四壁挤压或敲碎，使钻渣浮在泥浆中，通过掏渣筒取出钻渣，如此反复可钻进成孔。标准要求：钻头需要拥有足够的重量，合适的位置和冲击频率，能以产生足够的力量击碎岩石。

（4）冲抓锥钻进成孔

使用冲击和抓土双功能的抓土片，通过钻架，由配有离合器的卷扬机操作，靠冲锥自重冲击，使抓土片的锥尖敞开插入土层，然后通过带离合器的卷扬机收回，关闭抓土片将土抓取出来，并抛弃被抓出的土，之后继续冲抓成孔。钻锥通常采用六瓣和四瓣的冲抓锥冲抓成孔，适用于黏土、沙土以及含有碎石的沙砾土层，成孔深度一般不会超过 30 m。

4. 清孔

当钻孔达到预定深度，即设计标准深度时，必须对孔的深度和直径进行精确检查。只有在检测结果符合规定标准后，才能进行孔洞的清理工作。选择清孔的具体方式需考虑设计的具体要求、钻探技术、设备条件以及地质特性。在放入钢筋骨架并准备灌注水下混凝土之前，应重新评估孔内的泥浆属性和底部沉积物厚度。若不符合规定标准，需进行再次清理，直至满足要求后才能进行混凝土的灌注。

5. 钢筋骨架的制作、运输及吊装

钢筋骨架应在现场预设的支架上加工，对于较长的桩基骨架，建议分段加工。分段的长度应依据吊装的实际条件确定，并保证骨架不发生变形，接缝处需错位排列。在骨架外部，应按照垂直间距 2 m、横向至少四点的规则设置垫块，以控制保护层的厚度。骨架顶部应装置吊环，通常采用起重机进行吊装，若无起重机可用，则可使用钻机架或灌注塔架。吊装时，应按骨架长度编号顺序进行。钢筋骨架的加工和安装过程中允许的偏差包括：主筋间距 ±10 mm、箍筋间距 ±20 mm、骨架外径 ±10 mm、骨架倾斜度 ±0.5%、保护层厚度 ±20 mm、骨架中心线位置偏差 20 mm、骨架顶端高程 ±20 mm，底部高程 ±50 mm。

6. 灌注水下混凝土

灌注水下混凝土时，应配备能够在规定时间内完成灌注的搅拌设备。灌注的时间不应超过混凝土初凝时间。如果预计灌注时间将超过初凝时间，应加入缓凝剂。一般采用直径在 200 mm 至 350 mm 之间的钢制导管进行灌注，具体直径取决于桩径大小。使用导管前，必须进行水压试验和接头拉力试验，严禁使用压缩空气进行试压。将混凝土拌和物运至灌注现场时，必须检查其均匀性和坍落度。若不符合标准，应进行再次搅拌；若再次搅拌后仍不符合标准，则不能使用。首批灌注的混凝土量应满足导管首次埋置所需深度和底部填充的需求。混凝土拌和物下落后，应持续灌注。在灌注过程中，导管的埋置深度应控制在 $2\sim6$ m 之间，同时应定期检查井孔内混凝土面的高度，及时调整导管深度。为防止钢筋骨架上浮，当灌注混凝土至骨架底部上方约 1 m 时，应降低灌注速度。当混凝土拌和物上升到骨架底口 4 m 以上时，提升导管，使其底口高于骨架底部 2 m 以上，即可恢复正常灌注速度。在整个浇筑过程中，尤其是在潮汐影响区和地下水位较高的区域，必须注意维持孔内的水位平衡。此外，浇筑时溢出的水分或泥浆需被妥善引流至指定区域进行处理，绝不能随意排放，以防对环境和水体造成污染。若在浇筑过程中遇到任何故障，应立即查明原因，并制定合适的解决方案，迅速处理。

（三）挖孔灌注桩施工

1. 开挖桩孔

一般情况下，桩孔的开挖工作由人工完成。开始挖掘前，需清理工地周围及邻近山坡的悬挂岩石和表层土壤等，消除所有潜在的安全隐患，并围绕孔口设置临时的围挡和排水设施。为防止杂物落入孔内，需采取相应的防护措施，并准备土方运输和提升设备 (如卷扬机或绞盘)，合理安排弃土路径。若有必要，还应在孔口处搭设雨棚。在挖掘过程中，必须实时监测桩孔的尺寸和位置，以避免出现偏差。同时，也需注意安全措施，进入孔内的工作人员需佩戴安全帽和安全带，且使用的挖掘工具需定期检查。当孔深超过10 m，应定期检测孔内的二氧化碳浓度，若超标则增加通风。在采用爆破方式进行挖掘时，应使用浅孔爆破技术，并严格控制炸药量，确保孔壁稳定。

2. 护壁和支撑

在挖孔过程中，护壁和支撑工作需连续作业，以防孔壁坍塌。根据当地的水文条件、材料来源等因素，选择适宜的护壁和支撑方法。对于土质较差、出水量大或存在流沙的情况，建议使用现场浇筑混凝土作为护壁材料，每挖掘 $1\sim2$ m 后进行一次浇筑。护壁的厚度一般在 $0.15\sim0.20$ m 之间，使用 C15～C20 的混凝土，必要时还可加入适量的钢筋。对于土质较松散且渗水量不大的情况，可以考虑使用木材做框架支撑或在木框架后面铺设木板加强支撑。应使用夹钉将木框架或木板固定，确保与土壁紧密贴合。如果土质良好且渗水量不大，也可以使用荆条或竹篾作为临时护壁，随着挖掘进度及时进行加固，保障安全施工。

3. 排水孔

若遇到渗水不严重的情况，可使用手动操作的木绞车或小型卷扬机进行排水；当遇到较大渗水量时，高扬程的抽水设备或将抽水设备悬挂至孔内进行排水为宜。如果一个工程点有多个桩孔需要同时施工，建议先行挖掘一个桩孔，以此来集中并排除地下水。

4. 吊装钢筋骨架及灌注桩身混凝土

当桩孔挖掘至预定深度后，须对孔底进行彻底清理，确保无任何松散物、泥浆或沉积物，从而保障桩身混凝土与孔壁及孔底的紧密结合，实现均匀受力。面对复杂的地质条件，应通过钻探了解孔底以下的地质状况是否满足设计要求。如有必要，需与监理和设计部门协商解决方案。钢筋骨架的吊装及混凝土的灌注方法及注意事项，与钻孔灌注桩的施工要求基本一致。

四、沉井基础施工

(一) 沉井的类型

1. 按平面外形划分

（1）圆形沉井：具有较好的下沉方向控制能力和便于挖土的特点，在受水压力影响时，井壁主要承受环向压力。

（2）矩形沉井：制作相对简便，结构承力性能好。通常，四角会设计为圆角，以降低井壁摩擦力和挖土难度。但其较大的阻水面积容易导致严重的冲刷问题，井壁受到的弯矩较大。

（3）圆端形沉井：结合了圆形和矩形沉井的特点，在下沉控制、承力状态及减少水流冲刷方面优于矩形沉井，但制作过程相对复杂。

2. 按仓室分布分类

对于尺寸较大的沉井，通常会在沉井内设置隔墙，形成多个仓室，以降低侧向土压力对井壁的影响，增强结构刚度。依据仓室的布局，沉井可分为单仓圆形沉井和三仓矩形沉井。

(二) 沉井的构成

1. 刃脚

刃脚位于沉井最底部，采用钢制材料，形似刀刃，主要用于切入土壤中。

2. 井壁

井壁是沉井的外壁，用钢筋混凝土逐节现浇而成。下沉的过程中扫除起挡土作用外，还以其自重克服外壁与地基土间的摩阻力和刃脚底部的土阻力，使沉井逐渐下沉直至设计高程。

3. 隔堵

为了增强沉井的整体刚性，减少外部土壤压力对沉井造成的弯矩影响，沉井内部设置了隔堵，将沉井空间细分为多个区域。这种设计既便于施工过程中的土壤挖掘，也有利于精准控制沉井下沉过程中的偏差，确保工程的精度和安全。

4. 井孔

井孔是沉井工程中用于挖掘和排土的关键部位，其设计尺寸必须满足施工操作的需求，通常宽度 (或直径) 不应小于 3 m。为了保证沉井能够均匀下沉，井孔的布局应沿沉井中心轴线对称，从而实现平衡挖掘，避免沉井倾斜。

5. 凹槽

凹槽的设置位于井孔底部，靠近刃脚，主要目的是加强封底混凝土与井壁的结合，使封底混凝土的受力更均匀地传递至井壁。凹槽的设计深度一般在 0.15 ~ 0.25 m，能有效地提升结构的稳定性和密封性。

6. 射水管

在沉井深度较大、土质较好的情况下，为了预防下沉过程中可能遇到的困难，沉井井壁中会预置射水管。这些射水管的均匀布置有助于通过调整水压力和水量来控制沉井的下沉方向，一般要求水压力不低于 600 kPa。

7. 封底和盖板

当沉井下沉至设计的深度后，进行基底清理并浇筑封底混凝土。待混凝土强度达标后，可以从井孔中抽除水分，并填充混凝土或其他适宜的建筑材料。若井孔内不填充材料或仅使用砂石填充，还需在沉井顶部浇筑一层钢筋混凝土盖板，其厚度一般在 1.5 ~ 2.0 m，以确保结构的密封和承重能力。

封底混凝土的设计要考虑其底面承受的地基土和水的反压力，因此，封底混凝土的厚度需根据应力分析确定，通常不小于井孔最小边长的 1.5 倍。此外，封底混凝土的顶面应高出刃脚根部 0.5 m 以上，并延伸至凹槽之上。封底混凝土强度等级对岩石地基用 C15，一般地基用 C20。井孔中充填的混凝土，其强度等级不应低于 C10。

(三) 水中沉井的施工

1. 筑岛法

在水流平缓、水深不超过 3 ~ 4 m 的环境中，采用筑岛法是一种行之有效的施工方法。此法以沙子或砾石作为主要材料，外围用草袋加固，形成临时的工作岛。对于更深的水域，可通过建立围堰来增强防护。工作岛的面积需比沉井外围宽出至少 2 m，以便施工和运输，同时，岛的高度要超出预计的最高水位至少 0.5 m，确保施工期间的安全和干燥。在岛上完成沉井的浇筑前，需确保岛基具有足够的承载能力。在大面积压缩水域的情况下，可考虑使用钢板桩构建围堰。

2. 浮运法

对于水深超过 10 m 的情况，筑岛法的经济性和可行性大为降低，此时浮运法成为更优选择。沉井先在岸边制造完成，随后通过滑道滑入水中，利用绳索拖至指定位置。沉井的井壁设计为空心结构或采取其他措施 (如安装木底或钢气筒) 以实现浮动。在适宜的条件下，如利用船坞或潮汐变化，沉井可被浮动至设计位置并缓慢沉入河底。整个过程中，需精确控制填充物 (水或混凝土) 的加入，确保沉井稳定下沉至适当深度。

(四) 陆地沉井的施工

1. 第一节沉井的制作

第一节沉井的制作应选在地质条件较好的地点进行。如果土质强度不符合要求，需要对地基进行改良或调整沉井节段的高度。考虑到沉井的重量及刃脚底部的应力集中，应在刃脚下铺设枕木以分散压力。之后，设置模板，绑扎钢筋，浇筑混凝土。在沉井下沉过程中，需逐步、对称地拔出枕木，以防倾斜或裂纹产生。

2.沉井下沉

通过在沉井内部连续挖掘土壤，沉井便可逐渐下沉。根据水位情况，挖掘方法分为排水和非排水两种，这两种方式均会影响沉井井壁外侧的摩擦力。在水位较低或渗水量小的土层中，可采用人工或机械挖土。当沉井顶部高出地面 1~2 m 时，应停止挖土，并进行沉井的加高工作。

3.封底，填充填料及浇筑盖板

封底之前应对基底进行检验和处理，一般情况下，采用不排水封底，封底厚度应满足沉井底部不渗水的要求。封底施工完毕后再填充填料，浇筑盖板。

第二节　桥梁墩台施工

一、桥墩

(一)桥墩的分类

根据构造特点可分为重力式(实心)桥墩、薄壁空心桥墩、多柱式柔性桥墩、V形桥墩等。

根据变形能力可分为刚性桥墩、柔性桥墩。

根据截面形状可分为矩形墩、圆形墩、圆端形墩、尖端形墩、组合截面墩。

(二)重力式桥墩

重力式桥墩依靠自身的重量和桥面传来的永久荷载来抵抗水平荷载，通常截面尺寸较大。在水平荷载作用下，桥墩内将产生弯矩，最大弯矩在墩底截面。

在这种弯矩作用下，横截面内将产生弯曲正应力，一部分截面受拉，一部分截面受压；桥墩在自重和桥跨传来的竖向永久荷载作用下，横截面内产生压应力；这种压应力完全抵消了弯曲拉应力，因此最终横截面上没有拉应力。

重力式桥墩多采用简单的流线型截面形状，如圆端墩、尖端墩、圆角形墩等，以便桥下水流顺畅绕过桥墩，减少阻水及墩旁冲刷。由于重力式桥墩的横截面中存在负拉应力，为了确保其结构稳定性，通常会采用抗拉强度较低的砖石材料或混凝土材料。

（三）空心桥墩

1.部分镂空实体桥墩

部分镂空实体桥墩仍保持了重力式桥墩的基本特点，如较大的轮廓、较大的施工量、较少的钢筋量等。镂空的目的是在截面强度和刚度足以承担外荷载的条件下减少施工量，使桥墩结构更经济。但镂空部位受到一定的条件限制，如在墩帽下一定高度范围内，为保证上部结构的荷载能安全有效地传递给墩身镂空部分的墩壁，应设置一定的实体过渡段。在镂空部分与实体部分连接处，应设置倒角或配置构造钢筋，以避免在墩身的传力路径中产生局部应力集中。对于易遭漂浮物撞击或易磨损、需防冰害的墩身部分，一般不宜镂空。

2.薄壁空心桥墩

针对重力式桥墩使用大量建筑材料、力学性能利用率低的情况，薄壁空心桥墩应运而生。一般情况下，相同高度的空心墩比实心墩可省工20%~30%，而钢筋混凝土空心墩则可节省50%左右的施工成本。

当墩高小于50 m时，混凝土空心墩的壁厚一般要求不小于30 cm。对于跨越12~26 m的多跨连续梁桥，通常采取桥墩壁厚控制在40~80 cm的方案，这种措施可以显著降低整体建设成本，相较于常规墩可以节约20%以上的成本。以南京长江大桥为例，该桥墩位于水深超过40 m的区域，同时需要能够承载数千吨的船舶通过，因此墩身高度超过了上海24层的国际饭店，墩底面积相当于一个标准的篮球场。值得一提的是，该桥墩的结构为空心设计，具有显著的节能优势。

空心桥墩的截面形式多样，包括圆形、圆端形、长方形等。沿着墩高方向通常采用可滑模施工的变截面设计，即采用斜坡式立面布置，以便在墩顶和墩底设置实心段，以安置支座并传递荷载。

(四) 柔性桥墩

柔性桥墩是指在墩帽上设置活动支座，以减轻桥梁热胀冷缩所产生的水平推力以及刹车制动力，使得桥墩免受水平力的影响。

相比于刚性桥墩，柔性桥墩的墩身更为纤细，对水平力更具弹性而非刚性。为了承受竖向荷载，柔性桥墩需要加入更多的粗钢筋并采用高强度材料。柔性桥墩也可设计为空心或薄壁结构。例如，奥地利的欧罗巴公路大桥二号桥墩高达 146 m，采用空心薄壁预应力钢筋混凝土结构，其壁厚仅 35～55 cm，比实心墩节省材料达 70%。

(五) V 形桥墩

V 形桥墩的出现不仅扩展了桥墩的类型，还为桥梁结构的造型增添了新的形式。V 形桥墩改变了以往桥墩笨重的外形，使得整体结构更加轻盈、美观。

V 形桥墩可分为纵向和横向两个方向，扩展的 V 形桥墩还包括 Y 形、X 形、倒梯形等。采用 V 形桥墩可以显著缩短梁的跨度，从而实现梁截面的简化，降低桥梁的高度和建造成本，显著增强桥梁的跨越能力，同时也有助于改善桥梁的结构造型。与主梁的连接可以是固定或铰接，前者连接后部分称为 V 形桥墩斜撑刚架，后者连接后部分称为 V 形桥墩连续梁。V 形桥墩斜撑刚架的斜撑夹角根据桥下通航净空和斜撑与主梁的内力关系确定。

二、桥台

(一) 重力式桥台

重力式桥台主要通过自身的重量来平衡台后的土压力。桥台通常采用石砌、片石混凝土或混凝土等施工材料进行建造，施工时采用就地浇筑的方法。根据桥梁跨度、桥台高度和地形条件的不同，重力式桥台有多种形式，常见的类型包括 U 形桥台、埋置式桥台、八字式桥台和一字式桥台。

(二) 轻型桥台

轻型桥台一般采用钢筋混凝土材料建造，其特点在于通过这种结构的抗弯能力来减少圬工体积，使桥台变得轻型化。常见的轻型桥台有薄壁轻型桥台和支撑梁轻型桥台。轻型桥台适用于小跨度桥梁，当与轻型桥墩配合使用时，桥跨孔数不宜超过 3 个，单孔跨径不应大于 13 m，多孔全长不宜超过 20 m。

(三) 框架式桥台

框架式桥台是一种在横桥向呈框架式结构的柱基础轻型桥台，其土压较小。适用于地基承载力较低、台身较高、跨径较大的桥梁。构造形式包括柱式、肋墙式、半重力式以及双排架式、板凳式等。

(四) 组合式桥台

为了实现桥台的轻型化，桥台主要承受桥跨结构传来的竖向力和水平力，而台后的土压力由其他结构来承受，形成组合式的桥台。常见的形式有锚定板式、过梁式、框架式以及桥台与挡土墙的组合等。

三、桥梁墩台施工

(一) 钢筋混凝土墩台施工

1. 墩台模板

(1) 模板设计原则

第一，优先选择胶合板和钢模板作为模板材料。

第二，在计算荷载作用下，按照受力程序分别验算模板结构的强度、刚度和稳定性。

第三，模板板面之间应该平整，接缝紧密，不得漏浆，以确保结构外露面美观，线条流畅，可设置倒角。

第四，结构应设计简单，制作、拆装方便。模板可采用钢材、胶合板、塑料和其他符合设计要求的材料制成。

第五，在浇筑混凝土之前，模板应涂刷脱模剂，外露面混凝土模板的脱模剂应选择同一类品种，不得使用废机油等油料，且不得污染钢筋及混凝土的施工缝处。

第六，重复使用的模板应经常检查和维修。

（2）模板的类型和构造

混凝土及钢筋混凝土墩台的模板主要分为拼装式模板、整体吊装模板以及组合式定型钢模板。

拼装式模板：这种模板采用各种标准模板，通过销钉连接，结合拉杆、加劲构件等组成墩台所需形状的模板。将墩台表面分割为若干小块，尽量保持每个板扇的尺寸相同，便于周转使用。板扇的高度通常与墩台分节灌注的高度相同，一般为3～6 m，宽度可为1～2 m，具体根据墩台尺寸和起吊条件而定。拼装式模板是一种在工厂中进行加工制造的产品，主要特点是板面平整、尺寸精确、体积小、重量轻、拆装方便、运输便利。因此，拼装式模板在各个领域得到广泛应用。

整体吊装模板：根据墩台高度进行分层支模和浇筑混凝土，每层的高度取决于墩台尺寸、模板数量和混凝土浇筑的能力，通常为2～4 m。使用吊机吊起大块板扇，按照分层高度安装第一层模板，其组装方法与低墩台模板相似。在安装第一层模板时，应在墩台内预埋支承螺栓，用以支承第二层模板和安装脚手架。

组合型钢模板：这种模板由各种长度、宽度和转角标准构件组成，通过定型的连接件将钢模板拼成结构用模板。组合型钢模板具有体积小、质量轻、运输方便、拆装简便、接缝紧密等优点，适用于在地面拼装和整体吊装的结构上。

滑动钢模板：适用于各种类型的桥墩。在工程中，可以根据墩台高度、形式、机械设备、施工期限等条件，灵活选择合适的模板。在验算模板刚度时，其变形值不得超过以下数值：结构表面外露的模板，挠度应为模板构件跨度的1/400；结构表面隐蔽的模板，挠度应为模板构件跨度的1/250；钢模板的面板变形限值为1.5 mm，钢模板的钢棱、柱箍变形限值为3.0 mm。

在模板安装前，应对模板尺寸进行检查；安装时要稳固可靠，以防振捣混凝土时引起模板的脱离漏浆；安装位置要符合结构设计要求。

2.混凝土的浇筑

桥梁墩台因其垂直高度较大、平面尺寸相对较小，其混凝土浇筑方式与梁或承台等构件有所不同。墩台混凝土的运输方式不仅包括水平运输，还包括更具挑战性的垂直运输。

常见的混凝土运输方式包括：利用卷扬机和升降电梯平台将混凝土手推车运送；利用塔式起重机吊斗输送混凝土；利用混凝土输送泵将混凝土输送至高空建筑点等。

在混凝土运输过程中，应保证有足够的初凝时间，以保证混凝土的浇筑质量。混凝土的拌和、运输和浇筑速度应大于墩台混凝土浇筑体积与配制混凝土的初凝时间之比。

对于泵送混凝土，应预防堵管现象的发生。在进行大体积墩台混凝土浇筑时，应采用分层分块的方式进行。同时，应控制混凝土的水化热。一般情况下，应符合相关桥涵施工质量标准的要求。当平截面面积过大，下层混凝土不能在上层混凝土初凝或被重新塑造之前完成浇筑时，可以采用分块浇筑。分块浇筑时应满足以下规定：

分块时应合理布置，各分块平截面面积应小于 50 m²；每块的高度不宜超过 2 m；块与块之间的水平接缝面应与基础平截面的短边平行，且与截面边界垂直；上、下邻层混凝土间的竖向接缝应错开位置做企口，并按照施工缝处理。

对于大体积混凝土，应采取以下方法控制混凝土的水化热温度：改善骨料级配，降低水灰比，添加混合料、外加剂、片石等，以减少水泥用量；采用水化热低的大坝水泥、矿渣水泥、粉煤灰水泥或低强度等级水泥；减小浇筑层厚度，加快混凝土的散热速度；混凝土用料应避免日光暴晒，以降低初始温度；在混凝土内铺设冷却管进行通水冷却。

(二) 砌筑墩台施工

1. 施工准备

(1) 对石料、砂浆与脚手架的要求

对石料和砂浆的要求：在石砌墩台的建造过程中，所用的石料和砂浆需符合相关规定的规格。根据不同的墩台部位和要求，选择合适的材料：浆砌片石通常适用于高度低于 6 m 的墩台身、基础、镶面及其他填腹部位；浆砌块石一般用于高度超过 6 m 的墩台身、镶面或者需要更高强度的部位；浆砌粗料石则主要用于容易磨损和冲击的分水体及破冰体的镶面工程，以及要求整齐美观的桥墩台身等。

对脚手架的要求：将石料吊运并安砌到正确位置是砌石工程中的关键步骤。根据材料重量和距离的不同，可采用不同的运输方式：当重量较小或离地面较近时，可使用简单的马凳跳板进行直接运送；当重量较大或离地面较高时，则可使用固定式动臂吊机、桅杆式吊机或井式吊机将材料运送到墩台上，然后分运到具体的安砌位置。

用于砌石的脚手架应该环绕墩台搭建，以便堆放材料并支撑施工人员进行砌筑、镶嵌及勾缝操作。常用的脚手架类型包括固定式轻型脚手架（适用于6 m以下的墩台）、简易活动脚手架（适用于25 m以下的墩台）以及悬吊式脚手架（用于较高的墩台）。

（2）注意事项

第一，砌块在使用前必须经过充分的浇水湿润，并且如果表面有泥土或者水锈，必须清洗干净。当砌筑基础的第一层砌块时，如果基底是岩层或混凝土基础，应先清洗并湿润基底表面，然后进行砌筑；如果基底是土质，可以直接进行砌筑。

第二，砌体应该分层进行，当砌体较长时，可以分段分层进行，但是相邻工作段的砌筑高度差一般不应超过1.2 m。分段的位置应尽量设在沉降缝或伸缩缝处，各段水平砌缝应保持一致。

第三，为了使墩台外观更美观，通常会选择较整齐的石料进行外层砌筑，而内层则可以使用一般的石料。但是需要注意的是，内外层应交错连接成一体，不应该出现外面一环后，里面填充杂乱的情况。

第四，在砌筑上层块时，应避免对下层砌块造成振动。在砌筑工作中断后重新开始时，已砌筑的砌层表面应该进行清扫和湿润处理。

第五，当墩台侧面为斜面时，为了方便砌筑，可以采用收台方式来形成墩台身的斜面。在这种情况下，台阶内凹顶点的连接线应与墩台设计线保持一致。

第六，在砌筑过程中应该经常检查平面外形尺寸及侧面坡度是否符合设计要求。检查平面尺寸时，应先用经纬仪恢复墩台中心线位置，然后按照中心线测量外轮廓尺寸。每隔2 m高度至少应进行一次复测。如果有偏差但不超过允许值时，在下一段砌筑时逐渐纠正。如果超出允许偏差时，则需要返工重砌。

第七，砌筑完成后所有的砌石(块)都应进行勾缝处理，勾缝必须平顺，不能有脱落现象。

2. 砌筑方法

确保同一层石料及水平灰缝的厚度均匀一致，每层进行水平砌筑，角石和镶面的砌石顺序为丁顺相间，砌石灰缝互相垂直。先安排角石，然后进行镶面砌筑，最后填入腹石。

填腹石的分层高度应与镶面相同。对于圆端、尖端及转角形砌体，砌石的顺序应从顶点开始，按照丁顺排列，然后安砌镶面石。

3. 墩、台帽施工

(1) 放样

在墩台混凝土浇筑或砌石砌至距离墩、台帽下缘300~500 mm高度时，需要测量墩、台帽纵横中心轴线，并开始树立墩、台帽模板。同时，安装锚栓孔或预埋支座垫板，进行钢筋的绑扎等操作。在进行桥台台帽的放样时，应注意不要以基础中心线作为台帽背墙线。模板立好后，在浇筑混凝土前应再次复核，确保墩、台帽中心、支座垫石等位置、方向和高程准确无误。

(2) 墩、台帽模板安装

墩、台帽是支承上部结构的重要组成部分，其位置、尺寸和高程要求较为严格。在墩、台身混凝土浇筑至墩、台帽下300~500 mm处时，停止浇筑，待上部分墩、台帽模板立好后再次进行浇筑，以确保墩、台帽底部有足够厚度的紧密混凝土。

(3) 钢筋和支座垫板的安设

墩、台帽上支座垫板的安设一般采用预埋支座垫板和预留锚栓孔的方法。在绑扎墩台帽和支座垫石钢筋时，使用预埋支座垫板的方法需要将焊有锚固钢筋的钢垫板安装在支座的准确位置上，即将锚固钢筋和墩、台帽骨架钢筋焊接固定。同时，用木架将钢垫板固定在墩、台帽模板上。这种方法在施工时垫板位置不易准确，需经常校正。另一种方法是在安装墩台帽模板时，安装好预留孔模板，绑扎钢筋时注意将锚栓孔位置留出，以方便支座的安装，确保支座垫板位置准确。

(三)装配式墩台施工

装配式墩台适用于预应力混凝土、钢筋混凝土薄壁空心墩或轻型桥墩，其施工采用拼装法。拼装式桥墩主要包括实体墩身、拼装部分墩身和基础。实体墩身与基础采用就地现浇施工，需考虑其与拼装部分的连接、抵御洪水和漂流物冲击、预应力筋的锚固以及拼装墩身高度的调节等问题。

拼装部分墩身由基本构件、隔板、顶板和顶帽等部分组成，这些构件在工厂预制完成后，运输到桥位处进行拼装，形成桥墩的结构。拼装部分墩身的分块大小需要根据桥墩的结构形式、吊装、起重和运输能力来确定。在进行拼装时，需要根据具体的施工现场情况拟定施工细则，并认真组织施工。

1. 拼装接头

（1）承插式接头

承插式接头连接是将预制构件插入相应的承台预留孔内，插入长度一般为构件宽度的 1.2 ~ 1.5 倍，底部铺设 2 cm 厚的砂浆，四周用半干硬性混凝土填充。这种方法常用于立柱与基础的接头连接。

（2）钢筋锚固接头

钢筋锚固接头连接是使构件上的预留钢筋形成钢筋骨架，插入另一构件的预留槽内，或将钢筋互相焊接后再浇筑混凝土。这种方法多用于立柱与墩帽处的连接。

（3）焊接接头

焊接接头连接是将预埋在构件中的钢板与另一构件的预埋钢板用电焊连接，外部再用混凝土封闭。这种方法易于调整误差，多用于水平连接杆与立柱间的连接。

（4）扣环式接头

扣环式接头连接即相互连接的构件按预定位置预埋环式钢筋。安装时，柱脚先安置在承台的柱心上，上、下环式钢筋互相错接，扣环间插入 U 形钢筋进行焊接，之后立模浇筑外侧接头混凝土。

（5）法兰盘接头

采用法兰盘接头时，在连接构件两端安装法兰盘，连接时要求法兰盘预埋件的位置必须与构件垂直，接头处可以不采用混凝土封闭。

2. 砌块式墩台施工

砌块式墩台的施工准备工作与传统的石砌墩台相似，但由于墩台的形状各异，预制砌块的形式也随之变化。在基坑坑底整平后，需要经过严格的检验确认合格后，铺设砂、砾石或碎石垫层，并夯实整平。接着，铺好坐浆后，开始安装墩台。在施工过程中，需要注意以下几点：

（1）在预制砌块时，应将吊环设于凹窝内，确保不会突出顶面，以避免干扰拼装，并且可以省去切除吊环的工序。吊运安装机具可以选择各种自行式吊车、龙门架、简易缆索吊机设备或各种扒杆。

（2）在安装砌块时，需要确保位置准确，安放平稳。如果位置不准确，应该吊起重新放置，不得使用撬棍拨移。在安砌过程中，平缝应使用较干的砂浆，砌缝宽度不应大于 1 cm。为防止水平缝砂浆被上层砌块挤出，可以在水平缝中垫以铁片，其厚度需小于铺筑的砂浆。

（3）竖向砌缝中的砂浆应该插捣密实。在施工完成后的路桥工程中，需要预留 2 cm 的空缝，用于后续的勾缝工作。隐蔽面的砌缝可以随着砌块的安装随时刮平。竖向砌缝的错缝应不小于 20 cm。每安装高度约 1 m 的砌块，都应进行找平，以控制灰缝的厚度和标高。

3. 柱式墩施工

柱式墩的施工方式采用装配式方法，将桥墩分解成若干轻型部件，然后在工厂或工地进行集中预制，最终运送到现场进行桥梁的装配。这种装配式柱式墩有多种形式，包括双柱式、排架式、板凳式和刚架式等。在进行这类柱式墩台的装配时，需要特别注意以下几个问题。

（1）墩台柱构件与基础顶面预留的环形基座应进行编号，并检查各个墩、台的高度是否符合设计要求。

（2）在墩台柱吊入基坑内就位时，应在纵横方向进行测量，以确保柱身的垂直度或倾斜度以及平面位置均符合设计要求。对于重大、细长的墩柱，需要使用风缆或撑木进行固定，方可摘除吊钩。

（3）在墩台柱顶安装盖梁之前，应先检查盖梁口预留槽眼位置是否符合设计要求，否则应进行修葺。柱身与盖梁（顶帽）安装完毕并检查符合要求后，可以在基坑的空隙与盖梁槽眼处灌注稀砂浆，待其硬化后，撤除楔子、支撑或风缆，再在楔子孔中灌填砂浆。

（3）在基础或承台上安装预制混凝土管节、环圈做墩台的外模时，为了确保混凝土基础与墩台连接牢固，应由基础或承台中伸出的钢筋插入管节、环圈中间的现浇混凝土内。为了确保装配式柱式墩台的结构牢固可靠，应当按照设计规定或通过计算来确定钢筋的数量和锚固长度。这样能够确保建筑物的整体结构符合行业标准和安全要求，从而提高建筑物的耐久性和安全性。

4. 后张法预应力钢筋混凝土装配式墩台施工

（1）在墩帽顶上张拉预应力钢束

墩帽顶部进行预应力钢束的张拉具有以下主要特点：该操作是在高空进行的，尽管操作相对便利，但安全性较低；预应力钢束的锚固端可以直接埋入承台，无须设置过渡段；在墩台底部截面受力最大的位置，可以充分发挥预应力钢束抗弯能力强的特点。

（2）在墩台底的实体部位张拉预应力钢束

墩台底部实体部位进行预应力钢束的张拉具有以下主要特点：该操作是在地面进行的，施工安全且便利；在墩台底部需要设置过渡段，以满足预应力钢束张拉千斤顶的安放要求，并布置较多的受力钢筋，以满足运营阶段的受力要求；过渡段构件中预应力钢束的张拉位置与竖向受力钢筋之间的相互关系较为复杂。

需要特别注意的是，在压浆时最好采用自下而上的压注方式，水平拼装缝的构件装配应采用35号水泥砂浆，砂浆厚度为15 mm。这样既可以调节水平，又可以避免因渗水而影响预制构件的连接质量。

（四）滑模施工

1. 滑模施工

（1）滑模组装

在现场组装墩体时，按照以下步骤进行。首先，在基础顶面设置枕木垛，并确定桥墩中心线；在枕木垛上，先安装内钢环并准确定位，接着依次安装辐射梁、外钢环、立柱、千斤顶、模板等设备；将整个装置提升，拆除枕木垛，然后让模板滑降到位，接着安装其余设施；待模板滑升到一定高度，及时安装内外吊架；在模板安装之前，需在表面涂抹润滑剂，以减少滑升时的摩擦阻力；组装完成后，必须按照设计要求和组装质量标准进行全面检查，并及时纠正任何偏差。

（2）灌注混凝土

对于灌注混凝土工程，建议采用低流动度或半干硬性混凝土，并在灌注过程中进行分层、分段对称施工。每层混凝土的厚度宜控制在 20～30 cm 之间，并确保灌注后混凝土表面与模板上缘的距离不小于 10～15 cm。

在混凝土入模时，应均匀分布并采用插入式振动器进行捣固。在振捣时需注意避免振动器接触钢筋或模板，并确保振动器插入下一层混凝土的深度不超过 5 cm。脱模时，混凝土的强度应在 0.2～0.5 MPa 之间，以防止在自身重力作用下发生坍塌或变形。

为了提高混凝土的早期强度，可以根据气温、水泥强度等级等因素，在试验后适量掺入早强剂。在脱模后 8 h 左右，应开始进行养护工作。可以使用环绕墩身的带有小孔的水管，通过悬挂在下吊架上的方式进行养护。养护水管的设置位置一般应距离模板下缘 1.8～2.0 m 处，以达到良好的养护效果。

（3）提升与收坡

整个桥墩的灌注过程可细分为初次滑升、正常滑升和最终滑升这三个关键阶段。

从混凝土开始注入模板首次尝试提升，形成初次滑升阶段。初次灌注混凝土的高度通常为 60～70 cm，分阶段注入，在底层混凝土强度达到 0.2～0.4 MPa 时，即可进行试升。同时缓慢提升所有千斤顶 5 cm，以观察底层混凝土的凝固情况。一旦混凝土达到脱模强度，即 0.2～0.4 MPa 之间，便可以通过手指轻触混凝土表面来进行评估。此时，如果混凝土表面几乎没有移动，但仍能够留下指痕，并且砂浆不会黏附在手指上，且通过刮去混凝土表面可以发现明显的痕迹，而当施加外力时会听到沙沙的摩擦声，那么即可确认混凝土已经达到了脱模强度，并在缓慢提升 20 cm 左右之后可以继续进行操作。

初升后，经过全面设备检查，方可进入正常滑升阶段。也就是说，每灌注一层混凝土，就进行一次滑模提升，确保每次灌注的厚度与每次提升的高度基本一致。在正常气温下，提升时间不应超过 1 h。

滑升阶段标志着混凝土已经灌注到所需高度，不再继续注入，但模板仍需继续滑升。在灌完最后一层混凝土后，每隔 1 h 至 2 h 将模板提升 5~10 cm，经过 2~3 次提升，可避免混凝土模板的黏合。滑升时需保持垂直、均衡一致，顶架间高差不得超过 20 mm，顶架横梁水平高差不得超过 5 mm。要求连续三班作业，不得随意停工。随着模板的提升，需旋转调整坡度螺杆，使墩壁曲面的半径符合设计要求的坡度。

（4）顶杆延长、钢筋绑扎

在模板提升至一定高度后，需要进行顶杆延长、钢筋绑扎等工作。为了不影响提升进度，顶杆的延长及钢筋接头应提前准备好，并注意错开安装位置。对于预埋件和已经埋入的钢筋接头，在滑模拆离后，应及时清理并使其外露。

在整个施工过程中，如因工序变更或意外事件导致混凝土灌注工作长时间停止，需进行停工处理。例如，每隔约半小时稍微提升一次模板，以防止黏结；停工时，在混凝土表面插入短钢筋等，以增强新老混凝土的黏结力；恢复工作时，需对混凝土表面进行刷毛处理，并用水冲洗残留物，保持混凝土表面湿润，然后浇筑一层厚度为 2~3 cm 的 1∶1 水泥砂浆，再进行原配合比的混凝土浇筑，继续滑模工作。

爬升模板施工与滑动模板施工类似，不同之处在于支架通过千斤顶支撑在预埋在墩壁中的预埋件上。当浇筑好的墩身混凝土达到一定强度后，松开模板，千斤顶顶起，将支架连同模板升至新位置，待模板就位后，继续浇筑墩身混凝土。如此往复循环，逐节爬升，每次升高约 2 m。

翻升模板施工采用特殊钢模板，一般由三层模板组成一个基本单元，并配备随模板升高的混凝土接缝工作平台。当上层模板混凝土浇筑完毕后，拆除最下层模板并翻转至顶部拼装成第四层模板，以此类推，循环施工。翻升模板也可用于有坡度的桥墩施工。

2. 滑升模板施工方法的特点

（1）机械化程度高

整套滑升模板均由电动液压机械提升，实现了高度的机械化。

（2）施工速度快

施工过程中只需要进行一次模板组装，大幅减少了模板拆装工序，实现了连续作业。竖向结构的施工速度较快，在一般气温下，每个昼夜的平均施工进度可达 5 ~ 6 m。

(3) 结构整体性好

滑升模板体系具有高刚度且可连续作业的特点，各层混凝土之间不留施工缝，从而提高了墩台混凝土浇筑的内在质量和外观质量。

(4) 节约模板和劳动力，有利于安全施工

滑升模板事先在地面上组装，施工过程中不再更改，因此模板利用率高。这不仅能节约大量模板，还大幅减少了装拆模板的劳动力成本，有利于浇筑混凝土，改善了操作条件，因而有利于安全施工。

(5) 适应性强

滑升模板不仅适用于直立墩身的施工，也适用于斜坡墩身的施工。

尽管滑升模板施工方法具有以上优点，但也存在一些缺点，例如，一次性投资较大，建筑物立面造型受到一定限制，且需要较高的施工管理水平和技术水平。

第三节　桥梁上部结构施工

桥梁上部结构的不同，可分为梁 (板) 桥、拱桥、斜拉桥、悬索桥等。本节将以钢筋混凝土简支梁桥的施工技术为例进行介绍。

一、就地浇筑施工与装配式梁桥

(一) 就地浇筑施工

就地浇筑施工是一种古老的施工方法。它在桥孔位置搭设支架，安装模板、绑扎钢筋骨架、预留孔道，然后在现场进行混凝土浇筑并施加预应力。过去，这种方法主要在小跨径桥或交通不便的边远地区使用，因为需要大量模板支架。随着桥梁结构形式的发展，以及近年来临时钢构件和万能杆件系统的广泛应用，就地浇筑施工方法在中、大跨径桥梁中也越来越常见。

就地浇筑施工方法的特点如下：

(1) 桥梁整体性好，施工平稳可靠，无须大型起重设备。

（2）施工过程中无须进行体系转换。

（3）预应力混凝土连续梁桥可以采用强大的预应力体系，从而简化结构构造，便于施工。

（4）虽然需要大量施工支架，但在跨河桥梁上搭设支架会影响河道的通航和排洪。此外，施工期间支架可能会受到洪水和漂浮物的威胁。

（5）施工工期长、费用高，需要大块施工场地，并且施工管理相对复杂。

（二）装配式梁桥

一般而言，采用预制安装法施工的装配式梁桥与就地浇筑的整体式梁桥相比，具有以下特点：

（1）缩短施工工期。通过构件的预制，可以提前进行施工准备工作，使上、下部结构可以同时施工，从而缩短整体施工周期。

（2）节约支架和模板。装配式梁桥往往采用少量或不需要支架的施工方式。此外，在构件预制时，可以采用简便、合理的模板和支架，使其反复使用周期增加。

（3）提高工程质量。装配式梁桥的构件在预制过程中更易于实现标准化和机械化，从而提高工程的质量。

（4）需要吊装设备。由于主要预制构件的重量较大，需要相应的吊装能力和设备来进行施工。

（5）增加了钢材使用量。由于预制构件的特性，需要稍微增加一些钢材的使用量。

综上所述，对于装配式梁桥和整体式梁桥的造价比较，应根据具体情况进行具体分析。当桥址地形条件难以设置支架、施工队伍拥有足够的吊装设备并且桥梁工程规模相当大时，采用装配式施工将是经济合理的选择。

二、施工支架与模板

（一）支架类型及构造

1.满布式木支架

满布式木支架常见于陆地或不通航的河道上，以及桥墩不高、水位不深的桥梁。它的形式可以根据所需跨度大小采用排架式、人字撑式或八字撑式。排架式是一种简单的支架形式，由排架和纵梁构成，其中纵梁为抗弯构件，因此跨度通常不超过 4 m。而人字撑式和八字撑式的支架构造较为复杂，其纵梁需要额外设置人字撑或八字撑作为可变形结构。因此，在浇筑混凝土时，需要适当安排浇筑程序并保持均匀对称地进行，以避免发生较大变形。满布式木支架的跨度可达 8 m。

排架可设置在枕木或桩基上，基础必须坚固可靠，以确保排架的沉陷值不超过规定标准。为了确保排架在高耸时保持横向稳定，除在排架上设置支撑杆之外，还应该在排架的两端外侧添加斜撑木或斜立柱，以确保整座支架在不同方向的施力情况下都能稳定地支撑荷载。

满布式支架的卸落设备通常采用木楔、木马或砂筒等，可设置在纵梁支点处或桩顶帽木上。

2. 钢木混合支架

为增加支架跨度，减少排架数量，支架的纵梁可以采用工字钢，其跨度可达 10m。然而，在这种情况下，支架多数改用木框架结构，以增强支架的承载力和稳定性。

3. 万能杆件拼装支架

采用万能杆件可拼装成各种跨度和高度的支架，其跨度必须与杆件本身长度成倍数关系。

用万能杆件拼装的桁架高度可为 2 m、4 m、6 m 或 6 m 以上。当高度为 2 m 时，腹杆拼装成三角形；高度为 4 m 时，腹杆拼装成菱形；高度超过 6 m 时，则采用多斜杆的形式进行拼装。在拼装墩架时，柱与柱之间的距离应与桁架之间的距离相同。柱高度除柱头及柱脚外，应为 2 m 的倍数。

采用万能杆件拼装的支架，在荷载作用下变形较大且难以预测其数值。因此，应考虑预加压重量，其预压重量应相当于灌注混凝土的重量。万能杆件的类别、规格及容许应力可参考相关资料。

4. 装配式公路钢桥桁节拼装支架

利用组装式公路钢桥桁节，可组装成桁架梁和塔架。为增加桁架梁的孔径并利用墩台作为支撑，还可以组装成八字斜撑，用以支撑桁架梁。桁架梁与桁架梁之间，应采用抗风拉杆和木斜撑等进行横向连接，以确保桁架梁的稳定性。

采用组装式公路钢桥桁节组装的支架，在荷载作用下会发生较大变形，因此，需要进行预压处理。

5. 轻型钢支架

对于地面较平坦、承载力一定的梁桥，为了节省木材，宜采用轻型钢支架。轻型钢支架的梁和柱主要采用工字钢、槽钢或钢管，斜撑、连接等可采用角钢。构件应遵循统一规格和标准。排架应在预先组装成片或组的基础上，采用混凝土、钢筋混凝土枕木或木板作为支撑基底。为了避免冲刷，支撑基底必须确保埋设至适当深度以下。为适应桥下高度，排架下应垫以一定厚度的枕木或木楔等。

为方便支架和模板的拆卸，应在纵梁支点处设置木楔。

6. 墩台自承式支架

在墩台上留有承台式预埋件，安装横梁并架设适宜长度的工字钢或槽钢，即可形成模板的支架。这种支架适用于跨度不大的梁桥，但在支立时仍需考虑梁的预拱度、支架梁的伸缩以及支架和模板的拆卸等条件。

7. 模板车式支架

模板车式支架适用于跨度不大、桥墩为立柱式的多跨梁桥施工。在墩柱施工完成后，立即铺设轨道，将其拖入孔间进行模板的安装。这种方法可以简化安装工序并节省时间。

当上部结构混凝土浇筑完成并达到要求的强度后，模板车可以整体向前移动，但在移动时必须取下斜撑，将插入式钢梁节段推入中间钢梁节段内，并放松千斤顶。

(二) 模板构造

对于跨度不大的肋板梁，通常采用木料制作模板。在安装时，首先在支架的纵梁上安装横木 (也称为分布杆件)，然后在横木上钉上底板。接着，在底板上安装肋梁的侧面模板和桥面板的底板。肋梁的侧面模板被钉在肋木上，而桥面板底板的横木则由钉在上述肋木上的支撑板承托。在肋木的后面，需要额外添加压板以支撑肋梁混凝土的水平压力。为了减少现场的安装工作量，肋梁的侧面模板和桥面板的底板 (包括横木) 可以预先制成镶板块件。

当上部结构的肋梁较高时，通常需要采用框架式的模板。梁的侧面模板和桥面板的底板可以用木板或镶板钉在框架上。在梁的高度超过1.5 m时，应从侧面开始进行混凝土的浇筑和捣实。这种情况下，梁的一侧模板需要开窗口或分两次进行装钉。

(三) 模板和支架的制作与安装

1.模板及支架在制作和安装时的注意事项

(1) 构件连接应紧密，以减少支架变形，确保沉降量符合预期。

(2) 保证支架稳定，避免与脚手架及便桥接触。

(3) 模板接缝应严密，如有缝隙，需严密填塞，防止浆料渗漏。

(4) 对建筑外露面的模板应涂抹石灰乳浆、肥皂水或无色润滑油等润滑剂。

(5) 为减少施工现场的拆卸工作和便于周转使用，支架与模板应尽量制成装配式组件或块件。

(6) 钢制支架宜采用装配式常用构件，制作时应特别注意构件外形尺寸的准确性，一般可使用样板放样制作。

(7) 模板应使用内撑支撑，并用对拉螺栓固定。内撑可采用钢管、钢筋或硬塑料胶管等。

2.制作及安装质量要求

支架与模板制作需符合设计图纸的要求，面板可采用4~6 cm的冷轧钢板或厚度超过18 cm的木胶合板。为提高周转次数，胶合板面板应覆有高分子材料膜。胶合板面板不得使用脱胶空鼓、边角不齐或覆膜不全的板材。

3.支架和模板的安装

(1) 安装前应按图纸要求检查支架自制模板的尺寸与形状，合格后方可进入施工现场。

(2) 安装后内侧木板如不便涂刷脱模剂，应在安装前进行涂刷。顶板模板安装后，在布扎钢筋前也应进行涂刷。

(3) 支架结构应满足立模标高的调整要求，按设计标高和施工预拱度进行立模。

（4）承重部位的支架和模板，在立模后如有需要，应进行预压，以消除非弹性变形和基础沉降。预压的重力相当于之后浇筑混凝土的重力。当结构分层浇筑混凝土时，预压重力可取浇筑混凝土重量的80%。

（5）相互连接的模板，木板面应对齐，连接螺栓不宜一次性紧固，应整体检查模板线形。如发现偏差，应及时调整后再进行紧固，固定好支撑杆件。

（6）模板连接缝间隙大于2 cm时，应使用灰膏类填缝或贴胶带进行密封。预应力管道锚具处如有大的空隙，应用海绵泡沫填塞，以防止漏浆。

（7）主要起重机械必须配备经过专门训练的专业人员操作，指挥人员、司机、挂钩人员应统一信号。

（8）遇到6级以上大风时，应停止施工作业。

（四）施工预拱度

1. 确定预拱度时应考虑的因素

在浇筑梁式上部构造时，支架在施工及卸架后，上部构造会发生一定的下沉和挠度。为了确保在卸架后上部构造能够满足设计要求的外形，必须在施工期间设置适当的预拱度。在确定预拱度时，需要考虑以下因素：

（1）卸架后上部构造自身及一半活载所产生的竖向挠度δ_1；

（2）支架在荷载作用下的弹性压缩δ_2；

（3）支架在荷载作用下的非弹性变形δ_3；

（4）支架基底在荷载作用下的非弹性沉陷δ_4；

（5）混凝土收缩及温度变化引起的挠度δ_5。

2. 预拱度的计算

上部构造和支架各项变形之和即为所需的预拱度。各项变形可按以下方法计算和确定：

（1）对于桥跨结构，其预拱度应等于恒载和一半静活载产生的竖向挠度δ_1。若恒载和静活载产生的挠度不超过跨径的1/1600，则可不设预拱度。

（2）满布式支架，当其杆件长度为L（m）、弹性模量为E（N/m²）、（N/m²）时，其弹性变形为：

$$\delta_2 = \frac{\delta \cdot L}{E}$$

当支架为桁架等形式时，应按具体情况计算其弹性变形。

（3）支架在每一个接缝处的非弹性变形，在一般情况下，横纹木料为 3 mm；顺纹木料接缝为 2 mm；木料与金属或木料与圬工的接缝为 1 ~ 2 mm；顺纹与横纹木料接缝为 2.5 mm。

卸落设备砂筒内砂粒压缩和金属筒变形的非弹性压缩量，根据压力大小、砂子细度模量及筒径、筒高确定。一般 20 t 压力砂筒为 4 mm；40 t 压力砂筒为 6 mm；砂子未预先压紧者为 10 mm。

3. 预拱度的设置

考虑到梁的挠度和支架的变形，我们将预拱度设定为二者之和的最大值，并将其安置在梁的跨径中点。对于其他位置的预拱度，我们将以跨径中点的数值为最高点，两端为零点，按照直线或二次抛物线的比例进行分配。

三、钢筋骨架的安装

（一）骨架制作

在进行支架上的钢筋混凝土梁浇筑时，为了减少支架上的钢筋安装工作量，我们建议在工厂或桥梁工地事先制作平面或立体的钢筋骨架。对于较大跨度的梁，可以预先分段制造骨架；若无法事先制作骨架，则应尽量提前进行钢筋的接长。制作钢筋骨架时，务必焊接牢固，以防止在运输和吊装过程中发生变形。

对于多层钢筋焊接，可以采用侧面焊缝的方式，形成平面骨架，焊接缝设在钢筋的弯起点处。如果斜筋的弯起点之间距离较大，应在中间适当增加短段焊缝，以有效固定各层主钢筋。

（二）钢筋接头

（1）对于直径不超过 25 cm 的螺纹钢筋或光圆钢筋，可以采用绑扎搭接的方式。受压钢筋搭接长度应为受拉钢筋搭接长度的 70%。

（2）钢筋接头应该布置在内力较小的位置，并且需要错开安排。在同一截面内，对受拉钢筋的绑扎搭接数量不得超过受力钢筋的1/4；对受压钢筋则不得超过受力钢筋的1/2。接头之间的距离，如果不超过钢筋直径的30倍，则被视为在同一截面内。

（3）使用搭叠式电弧焊接时，钢筋端部应事先折向一侧，确保两个接合的钢筋在搭接范围内轴线一致，以减少偏心。在搭接时，双面焊缝的长度不得小于5 d（d 为钢筋直径），而单面焊缝的长度则不得小于10 d。

（4）采用夹焊式焊接时，夹杆总面积不得小于被焊钢筋的面积。夹杆长度，如果使用双面焊缝，应不小于5 d；如果使用单面焊缝，则应不小于10d。

（三）钢筋骨架的拼装

在焊接骨架时，应该使用样板严格控制骨架的位置。施焊的顺序应由骨架的中间到两边，对称地向两端进行，并且应先焊下部后焊上部。每条焊缝应一次成形，相邻的焊缝应该分区对称地跳焊，不可顺方向连续施焊。

为了确保混凝土保护层的厚度，应在钢筋骨架与模板之间错开放置适量的水泥砂浆垫块和混凝土垫块。骨架侧面的垫块应该绑扎得牢固。

（四）钢筋骨架的运输和吊装

在运输预制钢筋骨架时，可选择将骨架放置在平车上，或在骨架下方垫设滚轴，利用绞车进行拖拉。运输的路线可以根据现场条件进行调整，可以选择在桥上或桥侧进行运输；如果孔数较多，建议选择在桥侧进行运输。当从桥侧运进并进行吊装时，侧面模板应在骨架入模后再进行安装。使用起重机进行骨架吊装时，为了防止骨架发生弯曲变形，建议增设扁担梁。

（五）钢筋骨架质量要求

在确保建筑结构的牢固性和安全性方面，钢筋骨架的质量要求至关重要。除按照规定对加工质量、焊接质量以及各项机械性能进行严格检验之外，还需要特别关注钢筋骨架的焊扎和安装的正确性。

四、混凝土工程

(一) 原材料的检查

1. 水泥的检查与保管

(1) 水泥进场前应取样检验，并报监理部门进行检测，经同意后方可入场。入场水泥应根据品种、强度等级、出厂时间等情况分批进行检查和验收。

(2) 入库水泥应按品种、强度等级、出厂日期分别堆放，并标识清晰。遵循先到先用原则，并防止混合使用。

(3) 为防止水泥潮湿，现场仓库应尽量密封。包装水泥存放时，应离地面 30 cm，并确保四周离墙 30cm 以上。临时露天存放水泥时，应用防雨篷布盖严，底板需垫高。

(4) 水泥储存时间不宜过长，以免结块降低强度。常用水泥出厂超过 3 个月即视为过期水泥，使用前必须重新检验确定其强度等级。因水泥在正常环境存放超过 3 个月，其强度可能降低 10% ~ 20%；存放 6 个月，强度降低 15% ~ 30%。

(5) 受潮、结块的水泥一般不得用于结构工程中。

2. 细集料

(1) 在选择细集料时，首要考虑级配均匀、质地坚硬、颗粒清洁的河砂。当河砂不可得时，山砂或机制砂也可作为替代。不论选用何种砂，都必须进行独立的检验，确保各项指标符合《公路桥涵施工技术规范》的要求方可使用。

(2) 在细集料进场使用前，需要进行一系列试验，包括筛分、含泥量、有机质以及压碎值等，必要时还应进行坚固性试验。所有试验需按照《公路工程集料试验规程》的规定执行。

3. 粗集料

粗细集料对混凝土质量有着重要影响，因此选用洁净、坚硬、耐久的集料至关重要。桥梁施工中，粗集料的颗料级配最好采用连续级配，同时可以考虑与单粒级配相结合，但仅在确保混凝土不发生离析的特殊情况下才可使用单粒级配。

与细集料一样，粗骨料的选用必须满足《公路桥涵施工技术规范》的各项指标，且需要在现场取样进行筛分、杂质含量、强度、针片状含量等试验。只有在实验结果符合规定标准且符合规范要求的前提下，才能被允许使用。

不论是粗集料还是细集料，在进场前都必须进行抽验，填写进场材料检验申请单，经检验合格后，才能投入使用。

此外，混凝土的其他组成材料还包括水和外加剂。洁净水适用于混凝土的拌制。主要的外加剂类型包括普通和高效减水剂、早强减水剂、缓凝减水剂、引气减水剂、抗冻剂、膨胀剂、阻锈剂和防水剂等。混合材料包括粉煤灰、火山灰质材料、粒化高炉矿渣等。混合材料的使用需符合《公路桥涵施工技术规范》的技术条件。在预应力钢筋混凝土结构中，不得使用加气剂、加气型减水剂及掺加氯化钠、氯化钙等氯盐。各组成材料引入的氯离子一般不得超过水泥用量的 0.06%。

(二) 混凝土配合比

在大多数桥梁施工中，尤其是对于中小桥和涵洞工程，由于距离城市较远，混凝土用量相对较小，一般采用现场拌制，除非是在城市桥梁施工中才会使用商业混凝土 (预拌混凝土)。因此，施工技术人员需精心设计和控制现场混凝土的配合比，以确保混凝土质量。由于计量、搅拌、养护、浇筑以及骨料的含水量等原因，施工现场拌制混凝土与试验室存在一定差异，因此，试配强度应高于设计标准强度。此外，在进行配合比试验时，所有材料必须与施工使用的材料相同，否则试配将失效。为了节约水泥、改善易性、缩短或延长凝结时间，提高耐冻性，应主动使用外加剂。

(三) 混凝土拌制

混凝土拌制通常以机械为主，人工为辅，主要的基本工程工作量一般由机械完成，而工程中较少量的塑性混凝土则一般采用人工拌制。

1. 机械拌制

靠搅拌机完成，常用的机械有自落式搅拌机和强制式搅拌机两种。自落式搅拌机适用于塑性混凝土的拌和，而强制式搅拌机则适用于半干硬性混凝土的拌和。搅拌机在使用前应清理干净，否则搅拌机内灰浆可能黏附并硬化，从而缩短机器的正常使用寿命，影响拌和料的质量。如果搅拌机长时间未使用，首次使用时应先加入一部分砂和石进行搅拌，然后倒出，以清除搅拌机内的锈等杂质。喂料误差的控制应符合如下标准：水泥和外加剂的干料 ±2%，粗细骨料 ±3%，水和外加剂溶液 ±2%。喂料的顺序应根据机器类型和骨料种类等具体情况确定。对于强制式搅拌机，应先加入砂，然后加入水泥，最后加入石料。上料后提起料斗，将所有原料倒入搅拌机内进行搅拌，同时打开进水阀，直至搅拌机搅拌至各材料混合均匀、颜色一致后方可出料。

对于大型桥梁或特大桥梁以及混凝土用量较大的情况，应设立混凝土拌和站，统一进行混凝土拌制，采用电子计量，有利于混凝土质量的控制。

2. 人工拌制

人工拌制是一种传统而常见的混凝土拌制方式，其特点是速度较慢、劳动强度较大。这种方式通常用于工程量较小的辅助或修补工程中。相比于机械拌制，人工拌制混凝土的速度显著较慢，因为它依赖于人工劳动完成混凝土材料的搅拌和混合。由于操作人员需要手工搅拌混凝土，这增加了劳动强度，特别是在长时间持续作业时，容易导致人体疲劳和不适。因此，人工拌制一般仅适用于工程量较小、需要精细操作或特殊施工条件下的辅助或修补工程。虽然人工拌制速度较慢、劳动强度较大，但在某些情况下仍然是必要的。例如，在一些特殊的工程现场，由于环境条件或施工限制，机械设备无法进入或操作受限，这时就需要依靠人工拌制混凝土来满足施工需求。此外，在一些小型工程或需要高度精确控制混凝土配合比的情况下，人工拌制也可能更加合适，因为可以更灵活地调整材料比例和搅拌过程。

（四）混凝土的运输

1. 在桥面上运输

对于跨径不大的桥梁，可采用在上部结构模板上进行混凝土运输的方式。使用手推车或小型机动斗车进行运输时，必须在模板上铺设跳板和马凳，并随着浇筑工作的进行逐一撤除；若采用轻轨斗车进行运输，则需要在模板上放置混凝土短柱或铁支架，并搭设纵梁、横木和面板，然后铺设铁轨。混凝土短柱和铁支架可以留在混凝土体内。

2. 索道吊机和运输

索道吊机一般沿顺桥方向跨越全部桥跨设置，可设一条或两条索道，在桥的横向可用牵引的方法或搭设平台分送混凝土。此法适用于河谷较深或水流湍急的桥梁。

3. 在河滩上运输

当桥下地形为较平坦的河滩时，可以使用汽车或轻轨斗车进行水平运输，同时使用吊机进行垂直和横向运输。进行水平运输（顺桥向）和垂直运输（上下方向）时，应该使用同一活底吊斗装载混凝土，并将其送入模板，避免倒料。如果不得已需要先将料放在平台上，然后进行分送时，应该经过重新拌和后再分送与浇筑。

4. 水上运输

在较大且可通航的河流上，可以在浮船上设置水上混凝土工厂和吊机，以供应混凝土并将其运送到浇筑部位。当需要使用小船运送混凝土时，应尽可能使用同一种装载混凝土的工具。

(五) 混凝土的浇筑

1. 混凝土的浇筑速度

为了保证混凝土浇筑的整体性，防止在浇筑上层混凝土时破坏下层混凝土，增加浇筑层次时必须控制一定的速度，确保次一层的浇筑能在先浇筑的一层混凝土初凝之前完成。

2. 混凝土的浇筑顺序

在考虑主梁混凝土的浇筑顺序时，不能使模板和支架产生有害的下沉。为了确保混凝土振捣密实，应采用相应的分层浇筑方法；当在斜面或曲面上浇筑混凝土时，一般应从低处开始。

(六) 混凝土的振捣

混凝土的振捣方式包括人工振捣（使用铁钎）和机械振捣两种。人工振捣通常适用于坍落度较大、混凝土用量较少或者钢筋过密的区域。而对于大规模的混凝土浇筑，则必须采用机械振捣。

机械振捣设备包括插入式、附着式、平板式振捣器以及振动台等。平板式振捣器主要用于大面积混凝土施工，如桥面、基础等；附着式振捣器可以安装在侧模板上，但由于其需要借助振动模板来振捣混凝土，因此对模板的要求较高，振捣效果也不是很理想，通常用于薄壁混凝土部分振捣，如梁肋上和空心板两侧部分；而插入式振捣器通常采用软管式，适用于构件断面有足够空间插入振捣器且钢筋密度不太大的情况，其振捣效果比平板式和附着式更佳。在进行振捣时，应注意以下两点：

（1）严禁利用钢筋的振动来进行振捣。

（2）每次振捣的时间要严格掌握。插入式振捣器一般只要 15～30 s，平板式振捣器要 25～40 s。

（七）混凝土养护及模板拆除

1. 混凝土的养护

混凝土浇筑完成后，应及时进行养护。在养护期间，应使其保持湿润，防止雨淋、日晒、受冻及受荷载的振动、冲击，以促使混凝土硬化，并在获得强度的同时，防止混凝土干缩引起裂缝。为保证混凝土的外露面质量，当表面收浆和凝固后，建议立即覆盖草帘或其他适当覆盖物，并应定期进行洒水养护以保持湿润状态。这种养护过程应至少符合《公路桥涵施工技术规范》所规定的的时间标准。当日平均气温低于 5 ℃或日最低气温低于 -3 ℃时，应按冬期施工要求进行养护。

2. 拆除模板和落架

当混凝土强度达到设计强度的 25% 以后，可拆除侧面模板；达到设计强度的 50% 后，可拆除跨径 3 cm 以内桥梁的模板；达到在桥跨结构净重作用下所必需的强度且不小于设计强度的 70% 以后，可拆除各种梁的模板。

梁体的落架程序应从梁挠度最大处的支架节点开始，逐步卸落相邻两侧的节点，并要求对称、均匀、有顺序地进行；同时，要求各节点应分多次进行卸落，以使梁的沉落曲线逐步加大到梁的挠度曲线。通常简支梁桥和连续梁桥可从跨中向两端进行，悬臂梁桥则应先卸落挂梁及悬臂部分，然后卸落锚跨部分。

此外，关于装配式简支梁的运输、安装、连接等施工技术这里就不再过多介绍。

结束语

市政规划与路桥工程建设施工环境复杂，不确定因素较多。为了保证施工效果，必须做好现场施工管理。根据市政路桥工程建设的实际情况，分析解决施工过程中存在的各种问题，确保市政路桥工程的施工质量和安全。对于施工单位而言，应建立科学的管理机制和制度，积极优化施工技术，采取有效的现场安全管理措施，最大限度地避免施工质量和安全问题，确保工程按时保质地交付。

参考文献

[1] 朱睿，田永许.路桥施工技术与项目管理 [M].北京：中国纺织出版社，2018.

[2] 王知乐.路桥养护技术 [M].北京：机械工业出版社，2018.

[3] 王峰.路桥规划设计与项目管理 [M].天津：天津科学技术出版社，2018.

[4] 王艳华.路桥设计施工与质量控制 [M].南京：江苏凤凰美术出版社，2018.

[5] 杨永生，王明芬，顾军成.市政路桥工程施工技术及检测 [M].北京：中国建材工业出版社，2018.

[6] 方菲菲.市政与路桥工程 CAD[M].武汉：华中科技大学出版社，2019.

[7] 刘财旺.路桥工程施工技术与管理 [M].延吉：延边大学出版社，2019.

[8] 刘晓阳.工程管理和路桥隧道施工 [M].沈阳：沈阳出版社，2019.

[9] 张锐.路桥工程施工与检测技术 [M].天津：天津科学技术出版社，2020.

[10] 当代路桥工程施工技术研究 [M].延吉：延边大学出版社，2020.

[11] 黄雪林，罗东志，张俊.路桥工程施工管理与安全研究 [M].长春：吉林人民出版社，2020.

[12] 汪华锋.路桥工程施工技术与实践 [M].长春：吉林科学技术出版社，2021.

[13] 孟庆贺，何剑，梁嘉.路桥工程检测技术与实践 [M].北京：北京工业大学出版社，2021.

[14] 张立乾 . 试验场特种路桥工程设计研究 [M]. 北京：北京理工大学出版社，2021.

[15] 陈春玲，刘明，李冬子 . 公路工程建设与路桥隧道施工管理 [M]. 汕头：汕头大学出版社，2021.

[16] 刘志伟，刘文君，杨黎 . 路桥工程管理与给排水规划设计 [M]. 长春：吉林科学技术出版社，2022.

[17] 王晶，姜琴，李双祥 . 路桥工程建设与公路施工管理 [M]. 汕头：汕头大学出版社，2022.

[18] 倪晓燕，王耀文，胡紫日 . 智能＋路桥工程混凝土调整实用技术 [M]. 北京：中国建材工业出版社，2022.

[19] 王涛，谭艳臣，范俊宗 . 工程建设理论与实践丛书路桥工程项目管理与造价控制 [M]. 武汉：华中科技大学出版社，2022.

[20] 杨志鹏，柳军 . 高等职业教育路桥工程类专业系列教材基础工程 [M]. 重庆：重庆大学出版社，2022.

[21] 左智，张晓伟，叶柯志 . 路桥工程施工技术与安全管理 [M]. 北京：中国石化出版社，2022.

[22] 杜兴臣 . 高等职业教育路桥工程类专业系列教材·公路绿化养护技术 [M]. 重庆：重庆大学出版社，2022.

[23] 熊建军，胡森东，陈永祥 . 隧道工程建设与路桥设计 [M]. 哈尔滨：黑龙江科学技术出版社，2022.

[24] 白鹏，李绍武，张路锋 . 路桥工程与公路施工管理 [M]. 沈阳：辽宁科学技术出版社，2023.

[25] 周德胜 . 城市交通规划设计与路桥工程建设 [M]. 长春：吉林科学技术出版社，2023.

[26] 任桂娇 . 高等职业教育路桥工程类专业系列教材·公路工程招投标与合同管理 [M]. 重庆：重庆大学出版社，2023.

[27] 贾宏伟，黄家东，隋廷华 . 路桥设计施工与工程项目管理 [M]. 哈尔滨：哈尔滨出版社，2023.